GUIDE

DES

CULTIVATEURS

POUR

L'ACHAT DES BESTIAUX

ET TRAITÉ COMPLET

DES VICES RÉDHIBITOIRES

EN MATIÈRE DE VENTES ET ÉCHANGES D'ANIMAUX DOMESTIQUES

LOIS RURALES ET USAGES LOCAUX

HYGIÈNES DES ANIMAUX, CONSEILS UTILES

PAR

JULES CLÉMENT

Membre de la Société d'Agriculture de Joigny (Yonne) et du Comice Agricole de l'arrondissement de Sens.

PARIS

BERNARDIN-BÉCHET, LIBRAIRE-ÉDITEUR

31, QUAI DES GRANDS-AUGUSTINS, 31

GUIDE DES CULTIVATEURS

POUR

L'ACHAT DES BESTIAUX

Imprimerie de Poissy. — S. Lejay et Cie.

GUIDE
DES
CULTIVATEURS
POUR
L'ACHAT DES BESTIAUX
ET TRAITÉ COMPLET
DES VICES RÉDHIBITOIRES
EN MATIÈRE DE VENTES ET ÉCHANGES D'ANIMAUX DOMESTIQUES

LOIS RURALES ET USAGES LOCAUX

HYGIÈNES DES ANIMAUX, CONSEILS UTILES

PAR

JULES CLÉMENT

Membre de la Société d'Agriculture de Joigny (Yonne) et du Comice Agricole de l'arrondissement de Sens.

PARIS
BERNARDIN-BÉCHET ET FILS, LIBRAIRES-ÉDITEURS
53, QUAI DES GRANDS-AUGUSTINS, 53

PRÉFACE

Si, pour arriver à une florissante prospérité, le cultivateur a besoin de nombreuses connaissances, celles qui ont rapport à l'achat des bestiaux lui sont, sans contredit, des plus utiles, des plus nécessaires. Cependant, ne pourrait-on pas dire, sans crainte d'être démenti, que ces connaissances sont celles qu'il néglige le plus, soit par indifférence, soit parce qu'il ne trouve aucun ouvrage sur cette importante matière.

C'est en vue de combler cette lacune et de lui être de quelque utilité que nous avons eu la pensée de faire le *Guide du cultivateur pour l'achat des bestiaux*, guide dans lequel il trouvera les principales notions sur l'art difficile de choisir les animaux selon les services auxquels on les destine, et aussi les connaissances nécessaires pour être en garde contre les ruses que savent si bien employer les marchands pour faire disparaître les défauts des animaux qu'ils mettent en vente.

Dans la première partie de ce livre nous traiterons :

1° De la conformation extérieure du cheval ;

2° De la dénomination et des symptômes des maladies réputées vices rédhibitoires par la loi du 20 mai 1838 ;

5° De l'âge du cheval par l'inspection des dents ;

4° Des qualités qui constituent une bonne conformation, des défectuosités et des tares qui déprécient les animaux ;

5° De l'examen du cheval en vente et de l'attention sérieuse que doit avoir l'acheteur lorsque l'animal lui est présenté, afin de se soustraire aux ruses et à la fraude des marchands. Que de fois l'acheteur n'a-t-il pas amèrement regretté, le lendemain, le marché de la veille ! Il voit, mais trop tard, que ce qui était si beau, si brillant, n'était qu'une décevante illusion dont l'éclat n'était dû qu'au langage et à la finesse du marchand.

Alors, la loi, dans sa sagesse, vient aider de sa protection la partie lésée : il est donc de la plus haute importance que le cultivateur connaisse les dispositions de la loi qui le protége lorsqu'il est trompé sur la chose vendue.

Dans la seconde partie de notre livre, nous parlerons :

1° Des coutumes qui, avant le Code Napoléon, régissaient le commerce des animaux domestiques ;

2° De la garantie en matière de vente et échange d'animaux domestiques sous l'empire du Code Napoléon ;

3° Du texte de la loi du 20 mai 1838, qui régit aujourd'hui la garantie des vices rédhibitoires et dont le but a été de modifier et de coordonner plusieurs articles du Code Napoléon, définir la jurisprudence, restreindre le pouvoir discrétionnaire des magistrats et des experts, et d'offrir à l'agriculture et au commerce plus de sécurité dans les transactions.

4° Des décisions des tribunaux et de la jurisprudence de la Cour de cassation en matière de garantie pour vices rédhibitoires, depuis la promulgation de la loi du 20 mai 1838.

Nous avons puisé à plusieurs sources et consulté notamment le savant et judicieux répertoire de législation, de doctrine et de jurisprudence par M. Dalloz. Avec un pareil guide, on ne doit pas craindre de s'égarer.

La troisième partie traite de l'hygiène des animaux domestiques. La quatrième partie traite des lois rurales et des usages locaux. La cinquième partie contient des conseils utiles aux cultivateurs et un choix de procédés ayant rapport au traitement des bestiaux.

En entreprenant le livre que nous offrons aux cultivateurs, nous avons eu la pensée de leur être utile et de leur rendre un véritable service. Nos vœux les plus chers seraient d'avoir atteint notre but ; et si nos faibles talents ne répondent pas à nos souhaits, nous aurons du moins la consolation d'avoir entrepris ce travail avec une bonne intention.

PREMIÈRE PARTIE

GUIDE DES CULTIVATEURS POUR L'ACHAT DES BESTIAUX

CHAPITRE PREMIER

CONFORMATION EXTÉRIEURE DU CHEVAL

LA TÊTE forme la partie supérieure du tronc.

LES OREILLES n'ont pas besoin d'être définies.

LE TOUPET est un bouquet de crins se prolongeant de la crinière et retombant entre les deux oreilles sur le front.

LA NUQUE forme la partie supérieure de la tête et l'unit à l'encolure.

LE FRONT s'étend depuis le sommet de la tête jusqu'à la naissance du chanfrein.

LE CHANFREIN s'étend du front aux naseaux.

LES TEMPES sont situées à la partie latérale et externe du front, à la base des oreilles, où elles forment une saillie.

LE BOUT DU NEZ comprend l'espace qui se trouve entre les deux naseaux.

LES NASEAUX sont les ouvertures externes des cavités du nez.

LES PAROTIDES sont situées aux parties supérieures et latérales de la tête, au dessous de l'oreille.

LES SALIÈRES sont des enfoncements qui se trouvent situés au-dessus des yeux et des sourcils; cet enfoncement est plus ou moins prononcé selon que l'animal est vieux ou jeune, et surtout suivant son état de maigreur ou d'embonpoint.

LES JOUES s'étendent depuis les tempes et les parotides jusqu'aux lèvres.

LES LÈVRES, distinguées en supérieure et inférieure, ferment la bouche. Ces parties concourent à donner un appui au mors; épaisses et volumineuses, elles ont le défaut d'être trop peu sensibles. Des chevaux vieux, épuisés, laissent pendre la lèvre inférieure.

LES BARRES sont très-essentielles à connaître, puisque c'est sur elles que s'appuie le mors; elles sont formées par l'intervalle qui se trouve entre les grosses dents et les crochets.

LE PALAIS forme la voûte supérieure de la bouche.

LA LANGUE est logée dans la bouche; elle apparaît lorsqu'on écarte les mâchoires.

LE MENTON est la saillie arrondie que l'on voit en arrière de la lèvre inférieure.

LA BARBE est située en arrière du menton; c'est sur elle que porte la gourmette.

L'AUGE est la cavité qui se trouve en arrière de la barbe entre les deux ganaches.

LES GANACHES sont les contours de la mâchoire inférieure.

LA GORGE est située en arrière et au dessous de l'auge, à la partie supérieure et intérieure de l'encolure.

L'ENCOLURE est placée entre la tête et le corps; elle porte la crinière.

LE GARROT est situé entre l'encolure et le dos.

LE DOS est placé entre le garrot et les reins.

LES REINS sont situés entre le dos et la croupe.

LES HANCHES forment la partie latérale de la croupe.

LA CROUPE est située à la partie postérieure et supérieure du corps, entre les reins et la queue.

LE POITRAIL est situé à la partie antérieure du corps, au-dessous de l'encolure, en avant des épaules.

LES COTES forment les parties latérales de la poitrine, et sont situées en arrière des épaules.

LE VENTRE est situé à la partie inférieure du corps, entre le passage des sangles et la verge.

LES FLANCS sont situés entre les côtes et les hanches, au dessous des reins.

L'ANUS ou fondement est l'orifice postérieur du canal alimentaire.

LE PÉRINÉE est l'espace dénudé de poils, qui s'étend de l'anus aux parties sexuelles.

L'ÉPAULE et le bras sont confondus ensemble, et ne

forment à l'extérieur qu'une seule et même région qu'on décrit ordinairement sous le nom d'épaule.

L'AVANT-BRAS fait suite à l'épaule.

LE COUDE est situé à la partie supérieure et postérieure de l'avant-bras.

LA CHATAIGNE est une petite production cornée qui se trouve à la partie inférieure et interne de l'avant-bras.

LE GENOU est la jointure qui unit l'avant-bras au canon.

LE CANON est situé entre le genou et le boulet; il présente en arrière une partie détachée qu'on nomme le *tendon*.

LE BOULET fait suite au canon; il est ainsi nommé parce qu'il a une forme arrondie.

LE FANON est un bouquet de crins plus ou moins développé, qui se trouve en arrière du boulet, et qui contient une petite production de corne que l'on nomme *ergot*.

LE PATURON est placé entre le boulet et la couronne.

LA COURONNE est la jointure qui précède immédiatement le pied.

LE PIED OU SABOT est la partie inférieure du membre qu'enveloppe la corne.

LES FESSES sont situées en arrière et en bas de la croupe.

LA CUISSE est placée entre la croupe et les jambes.

LE GRASSET est la saillie arrondie située à l'angle qui forme la cuisse en s'unissant à la jambe.

LA JAMBE fait la suite de la cuisse et se termine au jarret.

LE JARRET est cette jointure importante qui unit la jambe au canon.

CHAPITRE II

MALADIES RÉPUTÉES VICES REDHIBITOIRES PAR LA LOI DU 20 MAI 1838.

FLUXION PÉRIODIQUE

Cette maladie, qu'on appelle encore fluxion lunatique, se reconnaît à tous les signes de l'ophthalmie interne; elle se montre par des accès qui reviennent à des époques plus ou moins éloignées, et finissent presque toujours par entraîner la perte de la vue.

Les symptômes de l'accès peuvent être divisés en cinq temps. — 1er *temps.* Les yeux paraissent atteints d'une ophthalmie ordinaire : il y a larmoiement, rougeur de la conjonctive, tuméfaction des paupières, sensibilité et chaleur plus marquées des parties qui environnent l'œil, aspect blanchâtre de la cornée, fièvre générale plus ou moins forte; les yeux sont presque toujours fermés. Ce premier temps dure depuis 3 jusqu'à 10 à 12 jours. — 2e *temps*. Les phénomènes précédents persistants, l'humeur qui s'écoule des yeux devient épaisse, la cornée est proéminente, l'humeur aqueuse perd sa transparence, et la cornée lucide paraît elle-même enflammée et obscurcie. — 3e *temps*. L'inflammation paraît diminuer un peu de force, les symptômes qui la caractérisent se dissipent, l'œil se découvre, l'humeur aqueuse qui était trouble et rendait la vision obtuse, commence à recouvrer sa transparence, en laissant voir ce qu'elle a d'opaque se condenser sous forme d'un nuage, et se convertir en une matière floconneuse, qui, précipitée jusqu'en bas de la chambre antérieure, y est enfin absorbée plus ou moins parfaitement. — 4e *temps*. Peu après l'éclaircissement de l'humeur aqueuse, il s'établit dans l'œil malade un nouveau travail inflammatoire moins fort que le premier; la matière précipitée s'élève, se répand dans toute l'humeur aqueuse une seconde fois, et la trouble de nouveau. — 5e *temps*. Il est marqué par la cessation complète de tous les symptômes inflammatoires, la précipitation de la matière opaque, et sa disparition définitive. Alors l'animal paraît complétement guéri; mais quelques semaines après il survient une nouvelle attaque qui parcourt les mêmes périodes que la première, disparaît comme elle pour être suivie d'une 3e, puis d'une 4e, et ainsi de suite jusqu'à ce que les progrès du mal aient amené la perte complète de l'œil affecté. (Maison rustique).

ÉPILEPSIE OU MAL CADUC

Maladie qui se manifeste par des accès plus ou moins rapprochés de mouvements convulsifs et d'abolition complète des sens de l'intelligence.

L'accès commence par le vertige, auquel succède un tremblement général, les membres s'écartent, le corps perd l'équilibre, tombe, et les convulsions s'en emparent. Les yeux pirouettent dans leurs orbites ; l'encolure se contourne convulsivement, on entend des grincements de dents et la bave s'écoule de la bouche. L'accès se calme ; le corps se couvre de sueur ; les urines et les excréments partent involontairement. Le sentiment reprend son empire, et sauf l'abattement l'accès ne laisse pas de trace. Sa durée est de cinq à quinze minutes ; il revient à des intervalles indéterminés qui se rapprochent ou s'éloignent sans régularité. (Verheyen).

MORVE

On donne ce nom à une maladie contagieuse spécifique du cheval qui se manifeste par l'engorgement des ganglionssymphatiques de l'auge, le jetage par les deux narines ou par une seule, et dans ce dernier cas, le plus souvent par la gauche, d'une matière jaune verdâtre, grumeleuse, s'attachant aux orifices des narines, et par l'apparition de tubercules et d'ulcères sur la membrane qui revêt la cloison médiane des narines ou les cornets. Cet état est fréquemment accompagné du développement de tubercules dans les poumons. Le cheval est *douteux* quand il présente un ou deux des symptômes que je viens d'indiquer. Ordinairement le *jetage* ou la glande paraissent les premiers : d'abord en petite quantité, presque séreuse, la matière qui s'écoule d'une ou des deux narines est plus abondante que de coutume; elle est d'une couleur jaunâtre ou verdâtre inodore, et tient en suspension de petites masses comme caséeuses qui couvrent et salissent la peau et se dessèchent sur les orifices des narines. Si la maladie débute par la glande, un petit engorgement, ordinairement arrondi, paraît dans le fond de l'auge ou à la face interne de l'une ou des deux branches de l'os de la mâchoire inférieure; cet engorgement est peu volumineux, il commence par avoir le volume d'une noisette ou d'une noix. Il est de forme arrondie, bossué, grumeleux, dur, adhérant à l'os de la mâchoire ainsi qu'à la peau, indolent le plus souvent ou peu douloureux et dans ce cas le cheval cherche à éviter la pression. L'un de ces symptômes ou tous les deux apparaissent en même temps; ils peuvent rester stationnaires pendant fort longtemps, quelquefois des mois, des années, pendant lesquels la membrane nasale est dans l'état naturel, ou colorée, ou plus ou moins épaisse et blafarde ; en même temps l'animal paraît jouir d'une bonne santé. Enfin, l'œil du côté ou le jetage a lieu devient chassieux, larmoyant ; de petits tubercules, développés dans le tissu sous-muqueux apparaissent sur la pituitaire ; bientôt ils se ramollissent, et font place à de petits ulcères ou chancres moins colorés que les parties environnantes, blafards, jaunâtres et quelquefois exuberans de forme irrégulièrement circulaire et à bords taillés à pic, ils augmentent successivement tant en profondeur qu'en étendue, le jetage devient plus considérable; bientôt il est mêlé de stries de sang; la table externe des sinus frontaux se gonfle, fait saillie sous la peau, la percussion que l'on exerce sur elle est douloureuse et rend un son mat ; le cheval est définitivement déclaré *morveux* et doit être abattu, non que la mort suive de près la maladie arrivée à ce degré, et que le cheval ne puisse encore rendre des services, mais parce que l'affection est alors regardée comme définitivement incurable et que les ordonnances de police prescrivent le sacrifice de l'animal.

FARCIN

On donne le nom de farcin à une maladie particulière au cheval, au mulet et à l'âne, de laquelle résulte le développement de tubercules dans le tissu cellulaire des ganglions et des vaisseaux symphatiques sous-cutanés, ou l'inflammation chronique et l'induration de ces parties, et pouvant affecter toutes les parties extérieures du corps. Le farcin peut se montrer sous quatre formes différentes : 1° *Induration farcineuse de la peau, farcin volant.* Ce sont de petites tumeurs plus où moins arrondies, d'un volume variant depuis celui d'un pois jusqu'à celui d'une grosse noisette, dures, indolentes, qui ont leur siége dans l'épaisseur du derme, elles restent stationnaires pendant plus ou moins longtemps, disparaissent en totalité ou en partie, en laissant à leur place une espèce de petit durillon; ou bien les poils qui existent au sommet se hérissent, et si on les écarte on remarque un petit ulcère arrondi, d'une couleur rouge, à surface exubérante, et ne paraissant occuper que les lames les plus extérieures du derme. — 2° *Abcès sous-cutanés farcineux.* Ce sont des tumeurs molles, indolentes, fluctuantes dès leur début, sans changement de couleur à la peau, situées plus ou moins profondément et se faisant surtout remarquer aux membres. La circonférence de ces tumeurs est quelquefois dure, mais sans douleur et sans chaleur; si on les ouvre il s'en écoule une matière jaunâtre, limpide, en quelque sorte huileuse, tenant en suspension des flacons blanchâtres; quelquefois la petite plaie devient ulcéreuse, mais le plus souvent elle se guérit assez facilement. — 3° *Tumeurs farcineuses sous-cutanées, farcin cordé, engorgements farcineux.* Ces tumeurs se développent dans le tissu cellulaire sous-cutané, dans les interstices des muscles sous la forme d'une corde uniforme plus ou moins cylindrique, ou présentant des renflements de distance en distance, des espèces de boutons plus ou moins gros, affectant la forme de chapelets de cordes noueuses, résistantes, douloureuses qui, de leur point de départ, se dirigent constamment vers le centre en suivant le trajet des veines ou des sympathiques; ou bien ce sont des tumeurs aplaties, ordinairement circonscrites, suivant la même direction que les précédentes, et dont les parties voisines sont plus ou moins œdémateuses. Bientôt certaines parties de la tumeur ramollissent ou, si elle a la forme d'une corde régulière, on remarque dans plusieurs points de son étendue des portions exubérantes qui laissent apercevoir dans leur centre une fluctuation qui augmente tous les jours; la peau s'amincit, s'ouvre, et une petite ouverture donne issue à un jus jaunâtre filant et comme huileux, puis un ulcère s'établit. Les parties environnantes s'engorgent, deviennent dures, lardacées; l'engorgement s'étend, gagne en largeur, de nouvelles tumeurs farcineuses se forment, et des ulcères peuvent apparaître dans des parties plus ou moins éloignées. Du reste les chevaux peuvent jouir de tous les caractères de la santé. — 4° *Ulcères farcineux.* Ordinairement arrondis, grisâtres ou d'un rouge livide, peu douloureux; les bords en sont légèrement renversés en dehors, frangés; la surface en est inégale, rouge, fongueuse. Ces ulcères s'étendent en largeur pendant quelque temps, restent longtemps stationnaires, se multiplient pendant que d'autres se cicatrisent, et sont toujours d'une guérison difficile à obtenir. La cicatrice ne présente rien de remarquable, et ici, comme dans les cas précédents, la santé peut rester parfaite.

Le farcin s'observe à tout âge, se développe dans toutes les saisons, mais principalement au printemps: il affecte les deux sexes et est ordinairement beaucoup plus benin chez les chevaux entiers que chez les chevaux hongres. Cette maladie peut se développer sous l'influence des mêmes causes que la morve; elle peut aussi être la suite des suppurations de longue durée et de la résorption du pus des plaies de mauvaise nature.

Cette affection, qui peut durer pendant des années entières, a longtemps passé pour contagieuse : beaucoup d'hippiatres, de cultivateurs et d'officiers de cavalerie lui donnent même encore ce caractère ; cependant l'expérience et l'observation de tous les jours semblent démontrer que le farcin ne peut se transmettre par voie de contagion. (Maison rustique).

Cependant certains auteurs pensent qu'il est contagieux.

IMMOBILITÉ

L'immobilité est une affection chronique du cerveau dont les causes sont obscures et dont la nature intime n'est pas bien connue.

Cette maladie se caractérise par la lenteur des fonctions de la vie végétative, la torpeur des sens, une raideur générale, la difficulté que l'animal éprouve pour changer de position.

Le cheval qui en est atteint est lourd, livré à de profondes réflexions, inattentif à la voix du conducteur ; il ne répond pas aux appels et ne prête aucune attention à ce qui se passe autour de lui ; il sort difficilement de cet état, même à la suite de coups qu'il paraît souvent ne pas sentir.

L'animal immobile reste presque sans mouvement à la place où il se trouve; sa tête est ou basse ou élevée. Ce n'est qu'avec beaucoup de peines et d'efforts réitérés que l'on vient à bout de lui faire faire quelques pas en arrière; il tourne la tête sans remuer le corps, la secoue, se défend et ne recule pas; il se met sur les jarrets en raidissant les membres de devant avec lesquels il décrit des cercles en dehors au lieu de les porter en arrière. Si l'on place ses membres de devant l'un sur l'autre, ils restent dans cette position. A l'écurie, l'animal reste à peu près immobile à la place où il se trouve : il prend du foin, le mâche, reste quelques instants sans le mâcher et recommence ensuite cette action en conservant presque toujours la dernière bouchée dans sa bouche; ses yeux sont fixes, sa vue peu certaine; si on le fait boire, il met longtemps à humer la boisson et conserve fréquemment la dernière gorgée d'eau dans sa bouche sans l'avaler ni la rejeter, et il ne la laisse tomber que lorsqu'on lui donne des aliments.

Cette maladie change complétement le caractère de l'animal : de sensible qu'il était aux aides, il endure les châtiments les plus rigoureux.

POUSSE

Maladie chronique des organes de la respiration. Elle ressemble assez, dit l'auteur du guide du maréchal, à l'asthme de l'homme. Elle est caratérisée : par une grande difficulté de respirer; par une toux sèche, quinteuse, sonore, sans expectoration ; par la contraction des flancs lorsque l'air est chassé de la poitrine ; par un soubresaut plus ou moins marqué qui coupe l'expiration en deux temps plus ou moins distincts. Ce soubresaut que l'on nomme encore *coup de fouet* et *contre-temps* se fait remarquer aux flancs dans les mouvements d'expiration, lorsque l'air sort de la poitrine par le resserrement de cette cavité.

CORNAGE CHRONIQUE

On désigne sous le nom de cornage ou sifflage un bruit que certains chevaux en mouvement font entendre en respirant. Le cornage chronique est comme la pousse une maladie des organes de la respiration occasionnée par le rétrécissement d'une partie des voies respiratoires qui ne permet plus à l'air de circuler avec la même liberté. Si le bruit est fort, retentissant, et semblable par l'éclat à celui que l'on produit en soufflant dans une corne, le cheval est dit *corneur;* si ce bruit est moins fort, mais plus aigu et analogue à un sifflement, le cheval est nommé *siffleur*. Le cheval corneur est plus gravement atteint et plus exposé à la suffocation que celui qui est siffleur.

Le cornage proprement dit n'affecte les chevaux que lorsqu'ils sont mis à un exercice fatigant, à une allure accélérée, ou qu'ils doivent faire un effort dans le tirage, soit en portant des lourdes charges ou en gravissant des côteaux et encore après avoir pris leur repas. Le bruit du cornage s'accompagne de la dilatation des naseaux et de l'agitation des flancs. Au repos et au pas, tous ces signes disparaissent pour reprendre aussitôt que l'animal se trouve dans les conditions qui les provoquent; or, on peut provoquer à volonté la manifestation du bruit qui constitue le cornage; il suffit, pour cela, d'exercer le cheval jusqu'à ce que sa respiration s'accélère.

Une des principales différences entre le cornage et la pousse est que, dans la pousse, la respiration est constamment gênée, tandis que, dans le cornage, cette gêne ne se fait sentir que dans le moment du travail, et disparaît après quelques instants de repos.

Quand on examine un cheval que l'on soupçonne de cornage, il faut l'exercer vigoureusement jusqu'à ce que le bruit se manifeste, ou qu'ils se soit écoulé assez de temps pour que l'on puisse croire à la non-existence du vice. Le cheval de trait devra être attelé à une lourde charge, le cheval de cabriolet ou de selle sera exercé au grand trot; dans tous les cas, il faudra veiller à ce qu'aucune partie du harnais ne puisse comprimer la gorge ou quelque point du canal respiratoire et occasionner un cornage momentané. Il est souvent nécessaire de continuer l'exercice pendant une demi-heure au plus.

TIC

On a donné ce nom à certains mouvements anormaux, dont quelques chevaux contractent l'habitude, ce qui leur fait donner le nom de *tiqueurs*. Le cheval *tiqué* fait entendre au fond du pharynx un bruit particulier, une espèce de rot, et a l'habitude d'appuyer sur la mangeoire ou sur tout autre objet, les dents de la mâchoire supérieure et de laisser écouler constamment la salive. Il est nommé *tic J'appui* et se reconnaît à l'usure du bord externe des dents incisives qui en est la conséquence. Le tic appelé *tic en l'air* constitue l'action de porter le nez en haut sans rien saisir avec les dents. Le *tic de l'ours* est une espèce de balancement dans lequel le cheval, se posant alternativement sur un pied et sur l'autre, se porte tantôt d'un côté, et tantôt de l'autre, comme fait l'ours.

HERNIE INGUINALE INTERMITTENTE

La hernie inguinale, très-rare chez les ânes, moins rare chez les chevaux, plus fréquente chez les mulets, consiste dans la sortie d'une portion d'intestin plus ou moins considérable qui descend dans la gaîne du testicule. Les chevaux entiers y sont beaucoup plus exposés que les chevaux hongres, bien que ceux-ci n'en soient pas absolument exempts.

Quelquefois la hernie se manifeste avec une grande promptitude, d'autres fois elle survient lentement, à la suite d'un relâchement progressif de l'anneau inguinal. Pour être rédhibitoire, elle doit être intermittente, c'est-à-dire, qu'après avoir déjà existé, et être rentrée à la suite du repos et d'un traitement bien dirigé, elle reparaît de nouveau, occasionnée par une fatigue assez forte ou des efforts prolongés.

Pour s'assurer de l'existence d'une hernie inguinale, il faut commencer par examiner l'état des gaînes testiculaires et des cordons. Pour cela on explore chacune de ces gaînes, en procédant de bas en haut dans la direction du cordon, que l'on manie dans toute sa longueur, jusqu'à l'anneau inguinal.

Les symptômes de la hernie pouvant disparaître dans certains cas, et l'acheteur se trouvant dans l'impossibilité de reconnaître le vice au moment de la vente, on comprend que la loi lui ait accordé le droit de demander la résolution du contrat.

PHTHISIE PULMONAIRE

Cette maladie, qu'on appelle aussi *pommelière*, affecte plus particulièrement les vaches laitières que les autres bêtes à cornes ; elle parcourt lentement ses périodes, et amène peu à peu les animaux qui en sont atteints au dernier degré de consomption ; ses symptômes sont multipliés : Le premier qui se présente, est le hérissement du poil et la sécheresse de la peau ; une petite toux sèche, rauque, se manifeste de loin en loin, et devient par la suite plus fréquente et ressemble à un râlement traîné, pénible ; cette toux est particulière à la maladie ; elle a un caractère qui lui est propre ; il faut l'avoir entendue pour s'en faire une idée exacte; mais ensuite on peut la reconnaître aisément. Les vaches étant attaquées de la pommelière paraissent saines et toutes les fonctions semblent s'exécuter comme dans l'état normal; elles acquièrent même un certain embonpoint; plus tard la respiration devient gênée, l'embonpoint diminue, et les mouvements de la bête deviennent faibles et lents.

Lorsque la phthisie est tout à fait confirmée, les vaches ne tardent pas à tomber dans un état de maigreur plus ou moins avancée; la sécrétion du lait diminue ou tarit tout à fait; ce liquide devient plus séreux; la toux est fréquente, sèche et rauque, répétée après le repas le soir surtout; enfin il survient du dégoût, de la tristesse, une maigreur extrême, des frissons et la mort.

On attribue généralement la pommelière au défaut de précautions hygiéniques, à l'influence des étables basses et humides, à l'amoncellement des fumiers, à la mauvaise qualité des eaux et des fourrages.

CLAVELÉE

Cette maladie, essentiellemen contagieuse, est une affection tout à fait par iculière aux bêtes à laine; elle a reçu différents noms dont les plus communs sont ceux de *claveau*, *mal rouge*, *variole*, *petite vérole*, à cause de sa ressemblance avec la petite vérole de l'espèce humaine.

La clavelée se manifeste par de petites taches rouges qui paraissent à diverses régions du corps, principalement à la tête, à la face interne des cuisses et aux parties les moins garnies de laine de la poitrine et du ventre. Du troisième au quatrième jour, de petits boutons s'y élèvent; trois ou quatre jours après, l'épiderme est soulevé par une lymphe claire, limpide, qu'on appelle claveau. Celui-ci se trouble, devient purulent et les pustules ou boutons prennent un aspect blanc jaunâtre ou bleuâtre; elles sont entourées d'une aréole. Deux ou trois jours après la période de suppuration, les pustules commencent à flétrir et à sécher; l'épiderme s'épaissit, perd sa transparence et forme une croûte d'un brun noir, sous laquelle un nouvel épiderme se régénère. Du huitième au quatorzième jour, la croûte tombe; la place qu'elle a occupée est rouge; les poils laineux qui viennent à la suite, restent clair-semés. Pendant la période d'éruption les yeux sont rouges et larmoyants; une matière limpide qui devient épaisse, muqueuse, s'écoule par les naseaux; la bouche laisse échapper de la bave.

De toutes les maladies du mouton, la clavelée est la plus contagieuse et la plus meurtrière. Toutes les fois qu'elle s'est déclarée sur des troupeaux et qu'on l'a abandonnée à sa marche naturelle, elle a toujours occasionné de grands ravages; elle survient indifféremment dans toutes les saisons de l'année, atteint indistinctement les bêtes fortes ou faibles, jeunes ou vieilles, mais jamais deux fois le même animal. Toutefois, on a remarqué que le développement des boutons est plus rapide dans les saisons chaudes.

Lorsque la clavelée a pénétré dans un troupeau, elle n'attaque jamais toutes les bêtes à la fois; elle commence d'abord par se déclarer sur quelques individus et ensuite la maladie se déclare sur la majeure partie du troupeau.

Les circonstances qui ont le plus souvent part à la transmission de la clavelée sont: 1° l'introduction dans un troupeau d'une ou plusieurs bêtes atteintes de la maladie; 2° le passage d'un troupeau malade, même après plusieurs jours, et surtout l'introduction des bêtes saines dans un pâturage qui a servi à des bêtes malades; 3° la circulation des bouchers, des bergers et de leurs chiens, des maréchaux, des guérisseurs, des compères, des marchands de moutons qui parcourent les campagnes en visitant et maniant les bêtes saines, après avoir visité et manié des bêtes malades; 4° le transport des laines, des peaux, des fumiers et des différents objets qui ont pu servir ou se trouver en contact avec des moutons infectés; 5° le voisinage d'un parc, d'une bergerie, d'un pâturage ou d'un cantonnement servant à un troupeau malade, surtout lorsque ce troupeau se trouve au-dessus du vent et à peu de distance des troupeaux sains.

SANG DE RATE

Cette affection apoplectique, qu'on appelle encore *maladie de sang*, *coup de sang*, *mourois rouge*, attaque particulièrement les bêtes à laine, elle est remarquable par la promptitude avec laquelle elle frappe de mort les individus qui en sont atteints.

Cette maladie attaque toujours les bêtes les plus vigoureuses, les plus grasses et les mieux portantes du troupeau. Rien ne peut faire prévoir à l'avance que l'animal va être frappé; tout annonce l'existence d'une santé robuste, et tout à coup l'animal s'arrête, paraît étourdi, chancelle, trébuche, ouvre la bouche, écume et rend du sang; il tombe à la renverse, bat du flanc, râle et meurt. Alors, on voit sortir de la bouche un sang noir et épais, le corps se gonfle, tous les vaisseaux de la peau sont injectés, la rate devient volumineuse et tuméfiée par le sang qui s'y est arrêté.

On attribue généralement cette maladie à l'influence d'une nourriture trop abondante et trop *substantielle*, aux grandes chaleurs, ainsi qu'à des sécheresses trop prolongées.

CHAPITRE III

ONNAISSANCE DE L'AGE DES ANIMAUX DOMESTIQUES

L'âge des animaux domestiques, et surtout du cheval, est un objet très-important, car lorsqu'ils sont trop jeunes, ils ne sont pas encore aptes à remplir les services auxquels on les destine; lorsqu'ils sont trop vieux, au contraire, la durée des services qu'ils peuvent rendre est moins longue, et leur valeur doit se mesurer d'après cette durée même.

AGE DU CHEVAL

Dans le cheval, on compte quarante dents, savoir : douze *incisives*, destinées à inciser, à couper les aliments; quatre *crochets* ou *angulaires*, qui manquent ordinairement dans les juments; et enfin vingt-quatre *molaires*, qui ont pour usage de moudre les susbtances alimentaires.

LES DENTS INCISIVES sont au nombre de six à chaque mâchoire; celles du milieu portent le nom de *pinces;* celles qui les touchent de chaque côté sont les *mitoyennes*; enfin les deux dernières portent le nom de *coins.*

LES CROCHETS, au nombre de deux à chaque mâchoire, sont situés dans l'intervalle qui sépare les incisives des molaires.

LES DENTS MOLAIRES ne servent pas à la connaissance de l'âge.

L'étude de l'âge des chevaux par l'inspection des dents, peut se diviser en plusieurs périodes distinctes.

1° ÉRUPTION, OU SORTIE DES DENTS INCISIVES CADUQUES.

A la naissance, aucune des incisives n'a fait son éruption. Les pinces sortent de six à huit jours; les moyennes de trente à quarante jours; les coins de six à dix mois. Les pinces inférieures sont toujours rasées à dix mois; les mitoyennes à un an; les coins de quinze à vingt-quatre mois.

2° ÉRUPTION ET RASEMENT DES REMPLAÇANTES.

Les pinces sortent de deux ans et demi à trois ans, les moyennes de trois ans et demi à quatre ans, et les coins de quatre ans et demi à cinq ans.

A cinq ans, un cheval doit avoir toutes ses incisives d'adulte. Toutefois, il peut les présenter avant cet âge, parce que les marchands, intéressés à donner aux jeunes chevaux l'apparence de l'âge auquel ils peuvent être soumis au service, arrachent souvent les coins et les moyennes dans le but de hâter la sortie des remplaçantes et de faire paraître les animaux un peu plus âgés qu'ils ne le sont en réalité. Aussi doit-on regarder comme n'ayant que quatre ans, un cheval qui, au mois de mai ou de juin, n'a pas les coins bien sortis. A cet âge les coins sont de niveau avec les mitoyennes, le bord antérieur des mitoyennes légèrement usé, les pinces presque entièrement rasées.

L'éruption des crochets étant variable ne peut servir de connaissance de l'âge.

A six ans, le rasement des pinces inférieures est complet ; celui des mitoyennes a commencé, le bord postérieur des coins est au niveau de l'antérieur.

A sept ans, rasement complet des pinces et des mitoyennes ; usure dans les coins du bord postérieur qui à six ans, était seulement de niveau avec l'antérieur; on aperçoit une échancrure au coin supérieur.

A huit ans, rasement de toutes les dents de la mâchoire inférieure. Les dents sont devenues ovales ; et, dans toutes, la cavité est remplacée par le cul-de-sac du cornet dentaire. Le rasement des dents supérieures est tellement irrégulier, qu'il ne peut être d'aucune utilité à la connaissance de l'âge.

A neuf ans, les pinces inférieures s'arrondissent, l'ovale des mitoyennes et des coins se rétrécit ; l'émail central se rapproche du bord postérieur, les pinces supérieures sont rasées.

A dix ans, les mitoyennes s'arrondissent, les coins sont ovales; l'émail central est très-près du bord postérieur.

A onze ans, les coins s'arrondissent, l'émail central ne forme plus qu'un petit point très-étroit près du bord postérieur.

A douze ans, rondeur parfaite de toutes les incisives, disparition complète de l'émail central qui est remplacé par une bande jaunâtre, trace du cul-de-sac de la cavité de la racine. Cette bande apparaît au milieu de la surface de frottement.

A treize ans, les pinces commencent à devenir triangulaires.

A quatorze ans, triangularité complète des pinces ; les mitoyennes commencent à le devenir.

A quinze ans, triangularité des mitoyennes.

A seize ans, triangularité complète de la mâchoire inférieure.

A dix-sept ans, les incisives inférieures sont encore triangulaires : les côtés du triangle sont tous trois de la même longueur.

A dix-huit ans, les parties latérales du triangle s'allongent dans les pinces.

A dix-neuf ans, les pinces inférieures sont aplaties d'un côté à l'autre.

A vingt ans, les mitoyennes ont la même forme.

A vingt-un ans, toutes les incisives inférieures sont aplaties d'un côté à l'autre. En d'autres termes, leurs parties latérales sont très-allongées, tandis que leurs bords antérieurs et postérieurs sont fort étroits et presque angulaires.

Passé cette époque, il est impossible d'avoir des données précises sur l'âge des chevaux. Alors il est permis de déclarer que le cheval est hors d'âge.

Ce que nous venons d'exposer n'est applicable que dans le cas où l'usure ou la pousse des dents ont été régulières. L'excès ou le défaut de longueur des incisives peuvent donner lieu à des erreurs qu'il est facile de rectifier avec un peu d'attention. Nous allons en donner les moyens. Les dents incisives ont à peu près sept lignes de longueur au-dessus de la gencive ; elles usent, terme moyen, d'une ligne à une ligne et demie par année. Si, par suite du mode de nourriture, un cheval use moins que dans les circonstances ordinaires, la pousse de ses dents n'en continuera pas moins, et celles-ci pourront acquérir plus de longueur. Dans ce cas, l'inspection pure et simple des tables dentaires pourra faire croire que le cheval est plus jeune qu'il ne l'est réellement; mais on arrivera à l'appréciation exacte de l'âge en ajoutant, par la pensée, autant d'années qu'il y a de lignes et demie de longueur. Par exemple, si un cheval marque huit ans, et que ses dents soient longues de dix lignes, il aura en réalité dix ans.

Réciproquement, lorsque les dents sont trop courtes, le cheval paraît plus vieux qu'il n'est, et il faut lui retrancher autant d'années que les dents ont de lignes et demie de moins en longueur.

Quand on se sera bien pénétré de tous ces principes, on ne sera jamais embarrassé pour reconnaître l'âge des chevaux bégus ou faux bégus. On donne ce nom aux chevaux chez lesquels la cavité ou le cul-de-sac de l'émail central persistent à une époque à laquelle l'usure régulière aurait dû les faire disparaître.

Les marchands cherchent quelquefois à tromper sur l'âge des chevaux; comme ils ont intérêt à ce que les chevaux paraissent toujours plus près de l'âge où leur valeur est plus considérable; s'ils sont trop jeunes, ils arrachent les coins et les moyennes caduques et déterminent, comme nous l'avons dit, plus tôt l'éruption des remplaçantes, en sorte qu'un cheval n'a que quatre ans et demi, que déjà il est pourvu de toutes ses dents de remplacement. On peut s'apercevoir de cette ruse à l'inspection de l'arcade dentaire qui est toujours irrégulière lorsque l'éruption des remplaçantes a été activée par l'arrachement des caduques.

Si le cheval est trop vieux, pour lui donner l'apparence de la jeunesse, ils les *contremarquent*, en d'autres termes, ils pratiquent une cavité au centre de la dent, et ils y mettent un corps gras et noir, de manière à imiter le germe de fève. Mais il est facile de s'apercevoir de cette fraude; et la cavité factice, si habilement pratiquée qu'elle ait été, se distingue toujours par l'absence de l'émail qui circonscrit le cornet dentaire extérieur.

AGE DU BŒUF

LA MACHOIRE SUPÉRIEURE du bœuf est dépourvue de dents incisives; ces dents y sont remplacées par un bourrelet cartilagineux contre lequel s'appuient les dents incisives de la mâchoire inférieure. Celles-ci sont au nombre de huit, et se distinguent en *pinces* celles du milieu, *premières mitoyennes*, *deuxièmes mitoyennes* et *coins*.

LES DENTS INCISIVES du bœuf n'ont pas la forme de

celles du cheval ; elles représentent une espèce de palette élargie à la partie libre, et cylindrique à la partie enchâssée. Ces deux portions de la dent sont séparées l'une de l'autre par un collet très-prononcé. Dans les dents vierges, le bord antérieur de la table dentaire est tranchant, et cette table, dépourvue de cavité, présente deux sillons séparés par une petite éminence médiane. Toutes ces parties sont recouvertes par l'émail.

On dit qu'une dent de bœuf a *rasé*, lorsque l'usure a effacé le bord antérieur, les sillons et l'éminence de la table dentaire.

Le veau naît souvent avec les pinces et les premières mitoyennes. Les autres dents se montrent peu de jours après la naissance ; elles ont toutes fait leur éruption après trente ou trente-cinq jours.

De dix à dix-huit mois, les dents caduques rasent, deviennent étroites et chancelantes.

De dix-huit à vingt-deux mois, les pinces de remplacement font leur éruption.

De deux à trois ans, éruption des premières mitoyennes.

De trois à quatre ans, éruption des deuxièmes mitoyennes.

De quatre à cinq ans, éruption des coins. A cette époque, l'arcade dentaire décrit un demi-cercle parfait ; les pinces n'ont pas encore rasé.

A six ans, il y a abaissement du bord antérieur des

pinces, et commencement d'usure des sillons de la table des mêmes dents.

A sept ans, rasement complet des pinces ; les premières mitoyennes ont la table dentaire presque nivelée.

A huit ans, rasement des secondes mitoyennes.

A neuf ans, les deuxièmes mitoyennes sont rasées.

Enfin, *à dix ans*, rasement complet de toutes les incisives. Les dents ne forment plus alors que des chicots, dont la partie libre est presque entièrement usée. Les cornes servent aussi à reconnaître l'âge du bœuf. Le *cornillon* met trois années à se dévélopper. A partir de l'âge de trois ans, l'accroissement de la corne se fait chaque année par un anneau qui est séparé du cornillon ou des anneaux voisins, par une dépression plus ou moins sensible. Ainsi, le premier anneau compte pour trois ans, tandis que les autres ne comptent que pour un an.

AGE DU MOUTON

L'APPAREIL DENTAIRE du mouton est semblable à celui du bœuf ; seulement les incisives sont dépourvues de collet, et ont les petites cavités de la surface de frottement plus creuses.

L'AGNEAU naît quelquefois avec toutes ses incisives ; parfois les coins manquent et ne font leur éruption que douze ou quinze jours après la naissance. Le rasement des dents caduques s'opère pendant la première année.

A un an, éruption des pinces de remplacement.

A deux ans, éruption des premières mitoyennes. L'agneau prend alors le nom *d'antenois.*

A trois ans, sortie des coins. On dit alors que l'animal est au rond. Vers l'âge de quatre ans, il se forme entre les deux pinces une échancrure que l'on nomme queue d'aronde ou *d'hirondelle.*

A quatre ans, éruption des deuxièmes mitoyennes.

A cinq ans, rasement des pinces et des premières mitoyennes.

A six ans, rasement des deuxièmes mitoyennes.

A sept ans rasement des coins. Passé cet âge, il n'est pas rare de voir les dents incisives tomber.

L'âge de la chèvre se reconnait de la même manière.

CHAPITRE IV

DE L'ACHAT DU CHEVAL

Le choix du cheval est pour le cultivateur en particulier, et en général pour toutes les personnes étrangères aux connaissances vétérinaires, une chose embarrassante sous bien des rapports, à cause du grand nombre de vices et de défauts qui peuvent en diminuer la valeur.

Quand on veut acheter un cheval, il s'agit d'abord de déterminer le genre de travail auquel on veut le soumettre. Il est une qualité qu'on doit désirer dans les chevaux de tous les services : c'est une constitution solide qui se manifeste par l'aplomb des extrémités sur le terrain, la franchise et la liberté des mouvements, la vigueur soutenue dans l'exercice lent ou rapide.

Selon les usages auxquels on les fait servir, on peut diviser les chevaux en trois classes : les chevaux de *selle*, les chevaux de *cabriolet*, les chevaux de *labour*.

Les premiers doivent tenir de la nature ou de l'éducation, la légèreté, le brillant dans les allures, c'est-à-dire que leurs mouvements doivent être condensés, déliés, sûrs et agréables; ils doivent avoir la bouche sensible, fine, mais non pas égarée par excès de délicatesse.

Les seconds doivent être étoffés sans être massifs, leur tournure élégante, relevés du devant, leurs extrémités larges, leurs jarrets bien évidés, leurs pieds de la plus grande solidité.

Les troisièmes doivent être très-forts, surtout le limonier, qui, à la descente, doit soutenir tout le poids de la voiture.

De tous les animaux domestiques, le cheval est celui qui, sous le rapport de l'extérieur, doit principalement fixer l'attention ; nous allons indiquer très-brièvement la conformation qu'on doit rechercner dans les diverses régions ou parties du corps, les défectuosités, les tares, les vices qui peuvent s'y faire remarquer.

On entend par *défectuosité*, l'absence d'une ou plusieurs des conditions qui indiquent la beauté.

Le nom de *tares* est employé pour désigner les cicatrices que porte l'animal à la surface du corps, soit qu'elles proviennent d'opérations qu'il a subies ou de lésions qui lui sont survenues par accident.

Enfin on appelle *vices* les défauts qui, dépendant du moral ou du caractère de l'animal, ne se manifestent à l'extérieur que par son expression physionomique. Ainsi, les chevaux méchants ou rétifs, ont dans les mouvements de leurs oreilles, dans l'expression de leurs yeux, un caractère particulier qui dénonce en eux l'existence de leurs vices.

CONFORMATION DU CHEVAL

LA TÊTE, pour être bien conformée, doit être courte, carrée, sèche; sa conformation est vicieuse, si elle est ou trop courte, ou trop longue, ou trop grosse.

LES OREILLES, pour êtres belles, doivent être courtes, minces, très-écartées l'une de l'autre; hardies, c'est-à-dire dressées et portées en devant. Trop longues ou trop rapprochées, elles donnent au cheval un air stupide; tombantes, elles indiquent un manque d'énergie. Dirigées parfois en arrière et couchées, elles annoncent que le cheval est dans l'intention de mordre ou de frapper.

LE FRONT doit être large, plat, comme un signe d'intelligence et comme donnant, par l'écartement des yeux, une physionomie plus expressive à l'animal.

LES TEMPES ne doivent pas être trop proéminentes; en choquant la vue, une saillie trop forte indique la maigreur, si elle ne trahit la vieillesse; des poils blancs, appelés marguerites, sont un signe de l'âge avancé. Quelquefois les marchands arrachent ou colorent ces poils.

LES YEUX doivent être à fleur de tête, très-écartés l'un de l'autre; vifs, brillants, les paupières minces, mobiles et légèrement fendues; si l'œil est petit, il prend le nom d'œil de cochon, et donne à la tête du cheval un aspect peu agréable, et indique assez souvent une disposition à la fluxion périodique. S'il est gros, on l'appelle *œil de bœuf;* il est alors trop convexe et rend l'animal myope. Si enfin un œil est moins grand que l'autre, il faut porter son attention sur le plus petit, qui, ordinairement, n'a diminué de volume que par suite de la maladie lunatique.

LE CHANFREIN. S'il est bombé, il faut dire que la tête est *busquée* ou moutonnée; s'il est fortement effacé ou déprimé, il lui est donné le nom de tête *camuse;* enfin, s'il est seulement déprimé à l'endroit où repose la muserole du licol, il faut dire que le cheval a la tête de *rhinocéros.*

LES JOUES doivent être plates du haut, légèrement convexes en bas. Une longue traînée saillante annonce toujours que les aliments s'amassent entre les joues et les dents, qu'en un mot le cheval *fait magasin :* défaut facile à reconnaître, et qui se décèle par l'odeur fétide qu'exhale la bouche de l'animal.

LES NASEAUX doivent être grands et dilatés pour rendre la respiration ample et aisée. L'étroitesse des naseaux rend le cheval impropre à la course, et même à tout service qui exige de grands efforts, ou de la rapidité dans les allures.

LA BOUCHE mérite, dans l'examen du cheval, une grande attention. La bouche est plus ou moins fendue : trop, elle laisse venir le mors contre les dents molaires; trop peu, elle se fronce en cet endroit et peut finir par le blesser. Les lèvres, pour être belles, ne doivent être ni trop épaisses ni trop minces, et doivent se trouver rapprochées l'une de l'autre. Si leur épaisseur est considérable, elle diminue l'action du mors sur les barres; si, au contraire, elles sont trop minces, elles rendent cette action plus intense en s'y soustrayant presque entièrement; si enfin elles sont pendantes et flasques, elles affirment la vieillesse, la débilité.

LES DENTS INCISIVES varient beaucoup dans leur disposition; leur forme et leur longueur, suivant les âges. Dans le jeune cheval, elles sont blanches, courtes et rangées en demi-cercle régulier. Dans la vieillesse, elles deviennent longues, jaunâtres, et ne forment plus par leur ensemble, un demi-cercle aussi parfait. Écaillées ou brisées, elles indiquent un cheval qui s'abat; usées à leur bord antérieur, elles indiquent l'existence du tic.

LES BARRES servent à l'appui du mors; elles sont tantôt *arrondies*, tantôt *tranchantes*, et quelquefois *calleuses*, ce qui en modifie beaucoup la sensibilité et mérite une certaine attention dans le choix du cheval de selle.

LES GENCIVES sont épaisses, rasées, et recouvrent une grande partie de la base des dents lorsque le cheval est dans son jeune âge; ensuite elles pâlissent, deviennent minces, se retirent, et les dents déchaussées paraissent beaucoup plus longues que dans sa jeunesse.

LE PALAIS se trouve plus gonflé dans la jeunesse qu'à un âge avancée.

LA LANGUE ne doit être ni trop grosse ni trop mince : dans le premier cas, elle supporte presque entièrement la pression du mors qui, alors, n'agit plus assez sur les barres; dans le second cas, c'est-à-dire si elle est trop mince, elle n'en supporte pas une part suffisante. Quelquefois la langue sort et rentre alternativement de la bouche; il résulte de cet accident une déperdition considérable de salive.

LES GANACHES font dire, si elles sont épaisses, que le cheval est *chargé de ganaches;* ce signe caractérise les races communes, molles, et prédisposées aux maladies des yeux; si elles sont minces et exagérées en bas, elles dénotent la vieillesse.

L'AUGE doit être large, profonde; elle est ordinairement empâtée chez les sujets de constitution molle et de race commune, ainsi que les jeunes chevaux qui n'ont pas encore jeté la gourme. De chaque côté de l'auge se trouvent de petits ganglions insensibles et glissants qui, dans plusieurs maladies, s'engorgent et prennent le nom de *glandes*. Leur existence doit, dans tous les cas, attirer l'attention de l'acheteur.

L'ENCOLURE, qui offre dans sa conformation tant de variété, est toujours belle quand elle a un volume moyen, une forme droite et une direction oblique, de manière à donner au cheval de la grâce et de la légèreté. Si l'encolure mince et relevée convient au cheval de selle, on doit préférer celle qui est plus courte et plus forte pour le cheval de trait. L'encolure est défectueuse si elle est trop longue, trop courte, grêle, trop épaisse; si elle est horizontale, comme dans beaucoup de chevaux communs et sans énergie.

LA CRINIÈRE est constituée par des crins grossiers, épais et presque toujours renversés des deux côtés chez les chevaux de race commune, tandis qu'ils sont peu abondants, soyeux, longs et ondulés chez les chevaux fins. L'espèce de galle appelée le *roux vieux* se remarque souvent à la naissance des crins. L'affection appelée *mal de toupe* se manifeste à la nuque et au point où le cou se réunit avec le haut de la tête.

LE GARROT est la région qui est le siége de la maladie désignée sous le nom de mal de garrot, maladie qui réduit à rien la valeur de l'animal. Le garrot doit toujours être sec et élevé; car un garrot gros est facile à blesser.

LE DOS qui est modérément long convient au cheval de selle; celui qui est court, droit et large, est préférable pour le cheval de trait, en ce qu'il donne de la force et indique un grand développement de poitrine.

LES REINS doivent être courts et larges dans les chevaux de gros trait; ils doivent être plus longs chez les chevaux de selle. Un cheval dont les reins sont trop longs dénotent un manque de force, et alors on doit le repousser. Le cheval dont les reins ne fléchissent pas sous l'influence du pincement exercé par la main, doit être suspecté de maladie.

LA CROUPE, ordinairement large, arrondie, et très-volumineuse chez les chevaux de trait, doit être autant que possible, horizontale, surtout chez les chevaux de selle.

LA QUEUE. On dit que le cheval est *écourté* lorsque l'extrémité du tronçon a été retranchée; on l'appelle à *tous crins* quand la queue est intacte; *niqueté* quand on a coupé une partie des muscles abaisseurs, afin qu'elle puisse être portée en trompe; *anglaise*, lorsque, outre la section des muscles, on a amputé une partie de la queue pour la rendre encore plus facile à relever. La queue est belle quand elle est garnie de crins fins, longs, ondulés ou droits; quand, pendant l'exercice, elle est relevée, enfin, quand elle se détache insensiblement de la croupe et à une assez grande hauteur.

LE POITRAIL étroit qui rapproche les épaules dénote un cheval sans haleine, facile à essouffler, et prédisposé aux maladies de poitrine. Le poitrail qui laisse paraître dans son milieu une pointe proéminente et un creux au dessus de cette pointe, indique un cheval ruiné des membres antérieurs.

LE VENTRE qui n'est pas trop volumineux donne au corps du cheval une forme arrondie toujours à rechercher.

LE FLANC doit avoir le creux à peine prononcé; ses mouvements, réguliers dans l'état normal, sont plus ou moins rapides selon que le cheval est en action ou en repos; ils sont saccadés, entrecoupés, si l'animal est atteint de la pousse.

LES TESTICULES, dans les chevaux forts, sont gros, fermes, pendants, recouverts d'une peau fine et noire; s'il en manque un, comme cela arrive quelquefois, le cheval est ordinairement méchant; on doit repousser les chevaux dont les testicules sont d'un volume considérable.

AVANT-BRAS. Un avant-bras fort, quoique court, est avantageux pour les chevaux de trait, mais il doit être long et nerveux chez les animaux aux allures rapides et pour les chevaux de manége, qui ont besoin de beaucoup d'élégance.

LE GENOU est bien conformé quand il est large et que son milieu se trouve sur l'axe de l'avant-bras et du canon; il est défectueux quand il est porté en avant ou *arqué*, en arrière ou *effacé*, en dehors ou *courbé*. Le genou est encore plus défectueux s'il offre dans certains points de petites tumeurs dures appelées *osselets;* s'il est blessé ou *couronné*, accident que les marchands cherchent à dissimuler à l'aide de corps gras; ce cas indique que le cheval est sujet à s'abattre.

LE TENDON doit toujours être dur, sec et écarté de l'os; son empâtement, sa mollesse, indiquent les sujets de races communes et sans énergie; la présence de petites tumeures dures, appelées *ganglions*, caractérisent généralement la souffrance et la ruine des extrémités.

LE BOULET, assez gros et bien arrondi, indique la force; celui qui est petit, rend le membre peu susceptible de résister à la fatigue.

LE PATURON exige beaucoup d'attention pour l'achat du cheval: s'il est long et très-incliné, il rend les réactions douces, mais ne donne pas de force à l'animal; s'il est court et presque droit, il donne de la force aux membres, mais rend la réaction dure, et conduit bientôt le cheval à la ruine; une conformation intermédiaire est préférable à ces deux extrémités. Il peut se rencontrer au paturon des engorgements susceptibles de faire boîter le cheval, et des crevasses laissant suinter le liquide fétide qui indique la maladie connue sous le nom *d'eaux aux jambes*.

LE PIED mérite le plus scrupuleux examen dans le choix du cheval: il doit être ni trop grand ni trop petit; avoir la corne consistante et de teinte foncée; la paroi lisse et luisante; la sole bien creuse; la fourchette modérément développée, et n'appuyant pas à terre dans la marche. Lorsque le pied est grand, il est peu agréable à l'œil et fait paraitre le cheval lourd; lorsqu'il est petit, il est trop sensible et très-exposé à la fourbure. Le pied plat est très-facile à blesser; le pied étroit, à talon serré, est sujet à l'encastelure; les pieds portés en dehors ou en dedans, ceux qui ont des bleimes, des oignons, des contusions à la sole, déprécient éminemment le cheval et en diminuent la valeur.

LE JARRET. La beauté du jarret se remarque : dans son épaisseur prise d'un côté à l'autre, et sa largeur mesurée d'avant en arrière; dans sa netteté, qui laisse se dessiner la corde, le creux et les saillies osseuses; enfin, dans sa direction, qui ne doit être ni trop droite ni trop fortement coudée.

Les défauts ou tares du jarret sont : le *capelet* ou tumeur de la pointe du jarret; les *salandres* ou crevasses du pli; *l'éparvin*, qui se trouve à la face interne et en bas; la *courbe*, au dessus de la *jarde*, qui se développe en dehors, à l'opposé de l'éparvin. Toutes ces tares déprécient considérablement le cheval.

PROPORTIONS

Il ne suffit pas, pour qu'un cheval ait une heureuse conformation, que les diverses parties, prises isolément, soient elles-mêmes bien conformées, il faut encore qu'elles soient, les unes avec les autres, dans des proportions et une harmonie telles qu'il n'y ait dans l'ensemble rien de choquant à la vue, ni de défavorable au service qu'on attend de l'animal.

EXAMEN DU CHEVAL EN VENTE. — RUSES DES MARCHANDS

L'acheteur doit se garder d'avoir la moindre confiance en tout ce que peuvent dire les marchands, et se méfier de leurs manœuvres adroites lorsqu'ils cherchent à appeler son attention sur certaines régions bien conformées pour le détourner de certaines autres parties défectueuses, lorsque, surtout, pour se donner un air de franchise et de probité, ils font connaître de minces défauts dans l'intention d'en cacher de plus grands. Si avec eux l'acheteur était confiant il ne tarderait pas à devenir victime de sa crédulité.

Pour procéder à l'examen du cheval, on doit toujours le considérer quand les circonstances le permettent : 1° Dans l'écurie, avant qu'on ne l'ait préparé pour en sortir ; 2° hors de l'écurie et dans le repos ; 3° en mouvement, en l'appliquant au service auquel on le destine ; 4° et, enfin, en le soumettant à toutes les épreuves que les examens préalables peuvent faire regarder comme nécessaires.

LE CHEVAL A L'ÉCURIE. Dans l'écurie il faut considérer : 1° son ensemble, son attitude, afin de prendre une idée de ses formes, de son énergie, de la manière dont il se tient debout ou couché ; 2° s'il n'a pas de tic, s'il est facile à aborder ; 3° s'il se laisse brider et toucher sans manifester le dessein de mordre ou de frapper ; 4° si le cheval est couché, on verra également si sa position n'indique pas la mollesse ; 5° si l'animal mange, on jugera son ardeur à tirer du foin du ratelier, de la liberté des mouvements de tête, de la faculté de la mastication, chose qu'on ne remarquera pas dans le cas où il serait affecté de la maladie rédhibitoire connue sous le nom d'immobilité ; 6° si le cheval est debout, on voit si son port exprime de l'énergie ou de la mollesse.

Ordinairement le plafond des écuries est bas et le sol élevé vers les rateliers, en sorte qu'il est facile de se faire illusion sur la taille de l'animal, si l'on ne prête une grande attention à cette ruse des marchands.

LE CHEVAL HORS DE L'ÉCURIE. Au moment où on le tourne pour le sortir de l'écurie, on fixe les yeux sur les jarrets pour considérer la manière dont ils se fléchissent; arrivé sur le seuil de la porte, on procède à l'examen des yeux, afin de voir si les mouvements de resserrement et de dilatation de la pupille sont sensibles.

Une fois le cheval hors de l'écurie, il faut, d'un coup d'œil, embrasser son ensemble et juger de son aptitude au service auquel on le destine; après cet examen général on passe aux détails, et on commence par la tête. On s'assure d'abord de l'âge de l'animal en lui ouvrant la bouche; on considère les barres sous le rapport de leur intégrité et de leur conformation; on voit si le cheval fait magasin, ou s'il y a carie de quelques dents. Après l'examen de la bouche, on passe la main sous la ganache pour voir s'il n'y a pas engorgement des ganglions, et s'il n'y a pas lieu de soupçonner l'existence de la morve. On procède ensuite à l'examen des naseaux : on considère leur ouverture, l'état de la membrane qui les tapisse, et du mucus qu'elle secrète, l'égalité des colonnes d'air; puis on serre fortement la gorge du cheval, afin de le faire tousser, et de juger, par la nature de la toux, de l'état de la poitrine; on passe ensuite la main sur le garrot, le dos et les reins, que l'on cherche à faire fléchir; enfin, on prend la queue et on la soulève, afin de juger du degré de résistance que l'animal y oppose.

Cela fait, on examine les parties latérales du corps, en commençant par l'encolure où l'on s'assure de l'existence des jugulaires; puis l'on va successivement jusqu'aux flancs, dont on considère attentivement les mouvements, afin de s'assurer si le cheval est ou n'est pas poussif; on continue cet examen par celui des membres, dont on étudie d'abord la direction, les aplombs, en se plaçant successivement en face, sur le côté et en arrière de l'animal; on examine le développement musculaire de chaque région en particulier; on voit si les articulations sont larges, si ces parties sont bien conformées, intègres et sèches, enfin, on termine par un examen attentif des quatre pieds.

Après ces différentes opérations, on fait marcher, puis trotter le cheval en ayant soin de le considérer de tous côtés, d'embrasser d'un coup d'œil l'ensemble des différents bipèdes, d'analyser l'action isolée de chaque membre, de voir si l'animal pose et appuie franchement ses pieds, entame avec une égale facilité par un membre ou par un autre, et peut être aisément accéléré, ralenti, arrêté et calmé.

On termine en appliquant le cheval au service auquel on le destine, le faisant atteler si c'est un cheval de trait, l'examinant dans cet exercice, et éprouvant les qualités qui lui seront nécessaires dans ce genre de travail.

Certes, en procédant ainsi à l'examen d'un cheval, il serait impossible, avec des connaissances et de l'expérience, de se tromper dans le jugement qu'on en porterait si l'animal était présenté franchement à l'acheteur, et si le plus souvent les ruses du vendeur ne venaient pas voiler ses défauts, et lui donner l'apparence des qualités qu'il n'a pas.

Toutefois, les connaissances relatives au choix des chevaux s'acquièrent plus par l'habitude de voir, de conduire, de soigner, d'acheter et de vendre ces animaux, que par l'étude des préceptes faciles à oublier et dont on ne peut facilement faire l'application, quoique sans eux il ne soit guère possible de devenir bien habile, et avec tout cela il faut encore avoir le goût, ce tact particulier, cette espèce de vocation pour la matière, sans lesquels on ne deviendra jamais un bon connaisseur. Aussi donnerons-nous le conseil aux cultivateurs, pour peu qu'ils doutent de leurs connaissances de se faire aider des lumières d'un homme expérimenté s'ils ne veulent pas s'exposer à être trompés.

On ne doit pas perdre de vue qu'avant d'exposer un cheval en vente, les marchands de chevaux ont l'habitude de le tenir dans une crainte continuelle, au moyen des coups de fouet dont ils le maltraitent journellement, ou en l'effrayant par des cris en entrant dans l'écurie. Aussi, lorsque l'acheteur s'avance pour l'examiner, on le voit exécuter en place des mouvements très-vifs, que l'on attribue à la vigueur, et qui ne sont dus qu'à cette crainte.

Avant de sortir le cheval de l'écurie pour le faire voir, le garçon lui donne ce que l'on appelle le coup de peigne, et tout en lui arrangeant la queue, il lui introduit dans l'anus un morceau de gingembre, qui ne tarde pas à tourmenter l'animal, à lui faire lever la queue et à lui donner momentanément un œil vif et l'apparence de la vigueur.

La taille est d'une considération très-importante, car un pouce de plus ou de moins augmente ou diminue beaucoup la valeur commerciale des chevaux. Aussi, les marchands de chevaux les présentent-ils dans un lieu de montre qui est disposé de manière à les avantager sous ce rapport ; ils ont, en outre, une adresse particulière pour obliger le cheval à élever le garrot au moment où on le toise.

Le petit nombre d'exemples que nous venons de citer suffit pour faire voir qu'on ne saurait trop se tenir sur ses gardes lorsqu'on achète un cheval.

ACHAT DES BÊTES BOVINES

Par l'expression générique *de bêtes bovines*, on comprend les taureaux, les vaches, les bœufs, les veaux et les génisses.

Les animaux mâles de ces races portent le nom de *taureaux* quand ils ne sont pas châtrés; et de *bœufs* quand ils le sont; on donne le nom de *taurillons* aux jeunes taureaux d'un an et aux jeunes bœufs qui ne sont pas encore propres à l'attelage.

Les bêtes bovines femelles sont, depuis six mois jusqu'à dix huit, désignées sous le nom de *taures*; à dix huit mois elles reçoivent le nom de *génisses*; et quand elles ont porté un veau elles prennent le nom de *vaches*. Le nom de veau est donné à toutes les bêtes bovines jusqu'à l'âge de six mois.

Les bêtes bovines sont utiles à l'homme 1° par la nourriture que ces animaux offrent; 2° par le lait que fournissent les femelles; 3° par le travail des mâles qu'on emploie dans certaines contrées, au tirage des voitures et aux travaux agricoles.

BŒUFS

Un bœuf pour la charue ne doit être ni trop gras ni trop maigre; il doit avoir la tête courte et ramassée, les oreilles grandes, bien velues et bien unies, les cornes fortes, luisantes et de moyenne largeur, le front large, les yeux gros et noirs, le muffle gros, écumeux, les naseaux bien ouverts, les dents blanches et égales, les lèvres noires, le cou charnu, les épaules grosses et pesantes, la poitrine large, le *fanon*, c'est-à-dire la peau du devant, pendant jusqu'aux genoux; les reins forts, larges; la croupe épaisse; les jambes et les cuisses grosses et nerveuses; le dos droit et plein; la queue pendante jusqu'à terre et garnie de poils touffus et fins. Il faut qu'il soit sensible à l'aiguillon, obéissant à la voix et bien dressé. Mais ce n'est que peu à peu, et en s'y prenant de bonne heure, qu'on peut accoutumer le bœuf à porter le joug volontiers et à se laisser conduire aisément.

VACHES

Il y a des signes révélateurs des qualités laitières de la vache ; une bonne fermière doit les connaître. Certaines vaches donnent moitié plus ou moitié moins de lait que d'autres vaches; dans ce dernier cas, les vaches qui produisent le moins de lait paient quelquefois leur nourriture par un accroissement de viande; mais la spéculation n'est pas toujours la même et le but est manqué lorsque, cherchant la production du lait, on obtient un engraissement.

La qualité laitière de la vache, comme toutes les autres qualités, est révélée par des conditions de forme dont les signes ont pu être déterminés avec quelque précision.

CHOIX DES VACHES LAITIÈRES

MÉTHODE GUENON

POUR APPRENDRE A CONNAITRE LES BONNES VACHES LAITIÈRES

I

A quels signes reconnaissait-on autrefois les bonnes vaches laitières ?

Le lait étant, sans contredit, un des plus importants de tous les produits agricoles, a dû fixer de bonne heure l'attention des agronomes. Ils ont dû rechercher les moyens de production les plus avantageux, les aliments les plus favorables à la qualité et à la quantité du lait, et finalement remarquer dans les vaches bonnes laitières les signes qui pouvaient les distinguer des autres.

C'est ainsi que l'on a répété de siècle en siècle, avec les agronomes de l'antiquité, ce signalement de la bonne laitière.

Peau souple, mince et détachée des tissus sous-jacents ; poil fin, rare, lisse, luisant ; tête petite, fine, avec un mufle bien développé; les naseaux ouverts, les paupières minces, souples et mobiles, ornées de longs cils ; les cornes minces et luisantes ; fanon nul, côtes arrondies, poitrine vaste, épaules obliques, corps allongé, reins et croupe larges. Le pis doit avoir la peau mince, souple, recouverte d'un duvet rare et fin et être volumineux. Les trayons sont volumineux et bien espacés. La couleur de l'épiderme du pis doit être d'un jaune approchant de la couleur du beurre.

II

Ce qu'est venue ajouter à cette somme de connaissances la méthode Guenon.

Guenon, un simple cultivateur qui avait d'abord étudié l'horticulture, la profession de son père, eut un jour une idée lumineuse ; il se dit, en songeant à ses premières études : Dans le règne végétal, il existe des signes, d'après lesquels on peut dire d'avance qu'elles seront la qualité du fruit, sa forme, l'époque de sa maturité, etc. Pourquoi n'en serait-il pas de même dans le règne animal ?

Il se mit à l'œuvre ; c'était en 1814, vous voyez qu'il y a longtemps, il avait alors quatorze ans ; et c'est à un âge si tendre qu'il osait, lui, simple enfant des champs, dérober à la nature un de ses plus merveilleux secrets.

Nous ne ferons pas ici l'historique des premières expériences de Guenon, nous renvoyons, pour cela, le lecteur au chapitre qu'il a écrit lui-même sur ce sujet. Nous devons nous contenter d'expliquer le plus succinctement possible en quoi consiste sa méthode.

Elle repose sur deux signes distinctifs qui sont l'*écusson* et l'*épi*.

L'écusson est cette partie de l'animal qui part du milieu des quatre trayons, s'étend en dedans, un peu au-dessus des jarrets, puis sur les cuisses, monte sur le pis et se prolonge jusqu'à la queue, ou si l'on aime mieux jusqu'au-dessus de la vulve. Le poil qui le recouvre n'a pas la même nuance que celui du reste du corps. C'est de son étendue que dépend la qualité lactifère de la vache; quand il est grand, elle donne beaucoup de lait; s'il est petit, c'est le contraire qui a lieu. Sa forme est à peu près celle d'une grosse bouteille en terre, à cou long et gros, comme on peut voir dans le dessin 1, que nous donnons ici, et qui représente l'écusson des meilleures laitières, de celles de la classe ayant reçu de Guenon le nom de *flandrines*. Plus l'écusson s'éloigne de cette forme, pour prendre celle d'une bouteille à cou plus étroit, plus allongé et plus arrondi, plus la capacité lactifère diminue. C'est d'après cette modification dans la forme que Guenon a établi six ordres dans chaque classe. Le lecteur peut juger de cette diminution de surface et de cette différence de forme dans les dessins représentant les six ordres de la classe flandrine et la bâtarde. On doit donc en conclure que plus l'écusson est grand et formé de poils fins, plus le produit est abondant, surtout si la peau en est jaunâtre, et s'il s'en détache des pellicules grasses et onctueuses. Quand la peau de l'écusson est lisse et blanche et que le poil est long et clairsemé, cela dénote un lait maigre ; si le poil est au contraire court et épais, c'est signe que le lait est bon et butireux.

PREMIÈRE CLASSE. — FLANDRINES.

Premier ordre. — Donnant le lait à 8 mois.

4.

Deuxième ordre. — 7 mois.

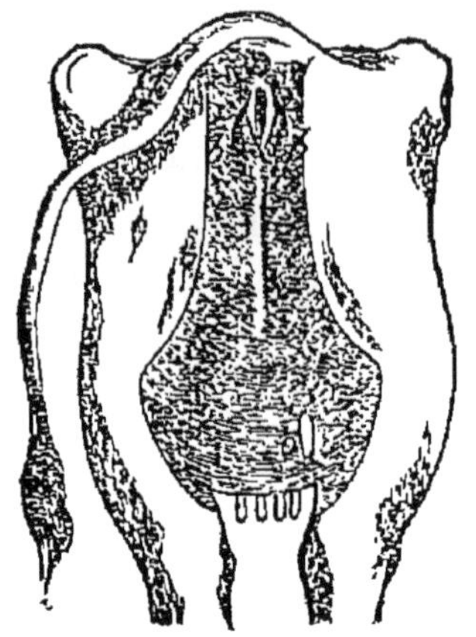

Troisième ordre. — 9 mois.

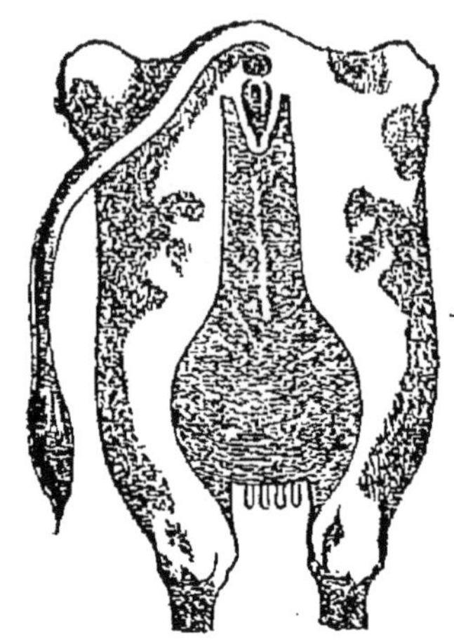

Quatrième ordre. — 5 mois.

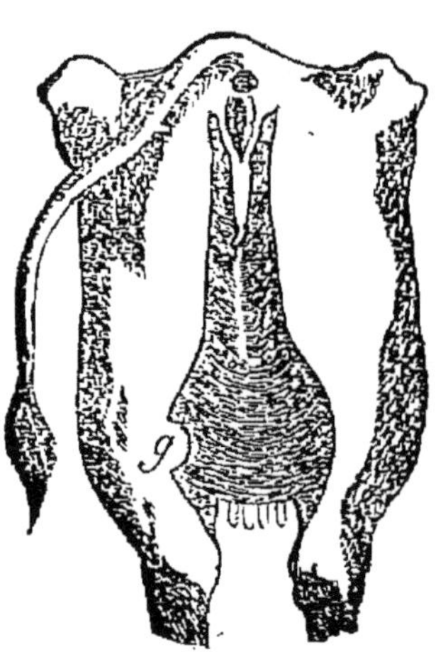

Cinquième ordre. — 4 mois.

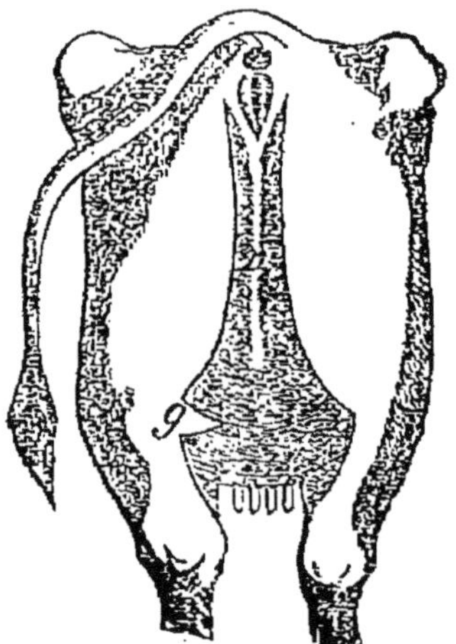

Sixième ordre. — 3 mois.

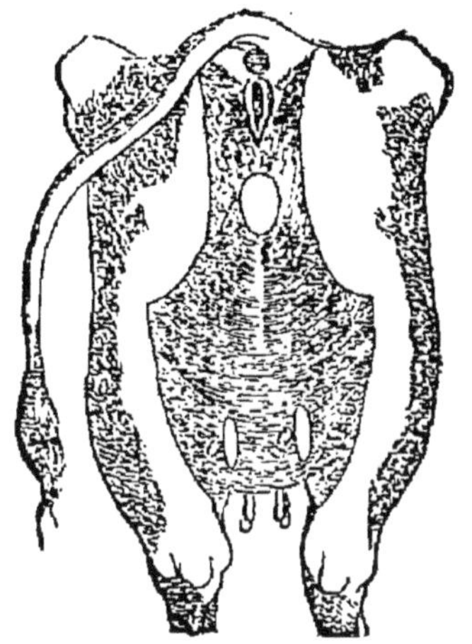

Bâtarde. — Selon son ordre.

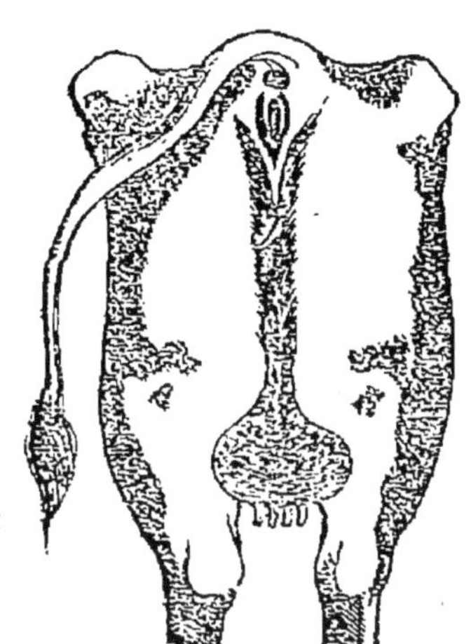

Il ne suffit pas d'observer l'étendue et la forme de l'écusson, il faut encore tenir compte des différents épis qui s'y rencontrent. Ces épis sont de deux espèces; à poils montants et à poils descendants, et ils se présentent sous différentes formes, mais surtout sous la forme ovale. On en compte sept:

L'épi ovale (*o,o*) situé un peu au-dessus des deux trayons de derrière. Il est répresenté dans la figure 1, par les lettres *o,o*, son poil est descendant.

L'épi fessard, marqué par la lettre *f* dans le dessin des limousines (voir plus loin), qui se trouve en dehors de l'écusson, à droite et à gauche de la vulve et dont le poil est montant. Il doit avoir de 5 à 7 centimètres sur un de largeur. Si le poil qui le recouvre est fin et soyeux, il annonce que la vache conserve son lait pendant la gestation ; dans le cas contraire il marque la disparition pendant cette période. Ces épis se rencontrent dans toutes les autres classes, excepté dans la flandrine.

L'épi babin, marqué par les lettres *b*, *b*, ne se trouve que dans les deux premières classes, il est adhérent à la vulve et se trouve à gauche ou à droite, il est formé de poils descendants ; il doit avoir de 4 à 5 centimètres de longueur sur 5 à 6 millimètres de longueur. Il indique une réduction de lait pendant la gestation.

L'épi vulvé, marqué de la lettre *v*, se trouve, comme l'indique son nom, au-dessous de la vulve ; il a souvent la forme ronde, parfois elle est fourchue ; sa largeur est de 3 centimètres, sa longueur de 3 ; le poil est descendant et se distingue par la blancheur de son lustre. Cet épi ne se trouve que dans la première classe.

L'épi bâtard, marqué de la lettre *t*, se trouve sur l'écusson à 20 centimètres environ de la vulve ; il a la forme d'un œuf, sa longueur est de 10 centimètres, sa largeur de 5 à 8. Le poil est descendant et il est plus blanc que celui de l'écusson. Cet épi, comme le précédent, ne se trouve que dans la classe flandrine ; il dénote une diminution de lait dès les premiers jours de la gestation. Plus il est petit, étroit et couvert de poil fin, plus la réduction est petite.

L'épi cuissard, marqué par la lettre *g*, comme l'indique son nom, est placé au bas des cuisses de la vache; son poil descendant forme un angle rentrant sur l'écusson à droite ou à gauche; le poil est plus blanc que celui de l'écusson; il se rencontre dans toutes les classes et il annonce une diminution de lait d'autant plus grande qu'il a plus d'étendue.

L'épi jonctif, marqué par la lettre *j*, a la forme d'une flèche, il est adhérent à la vulve et se confond avec la ligne verticale que forme la jonction des fesses; près de la vulve sa largeur est de 2 centimètres et sa longueur de 8 à 10. On ne le remarque que sur les vaches dont l'écusson ne s'étend pas jusqu'à la vulve. Il annonce une lactation abondante et de longue durée.

Afin de mieux éclairer le lecteur, complétons par le dessin les définitions que nous venons de donner, et faisons passer sous ses yeux des figures des sept épis.

1. Épi ovale.

2. Épi fessard.

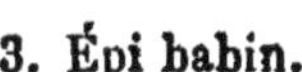

3. Épi babin.

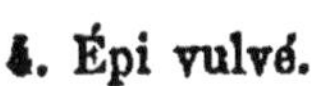

4. Épi vulvé.

5. Épi bâtard.

6. Épi cuissard.

7. Épi jonctif.

NEUVIEME CLASSE. — LIMOUSINES.

Premier ordre. — 8 mois.

Deuxième ordre. — 7 mois.

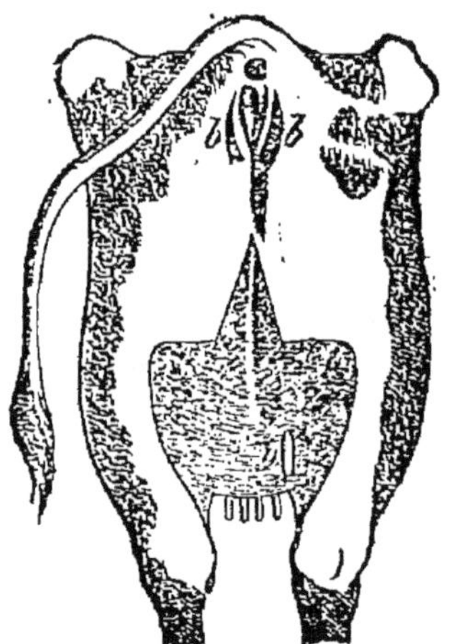

Troisième ordre. — 6 mois.

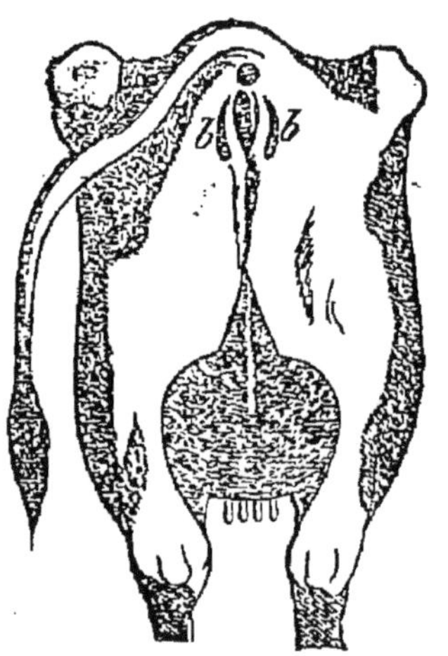

Quatrième ordre. — 5 mois.

Cinquième ordre. — 4 mois.

Sixième ordre. — 3 mois.

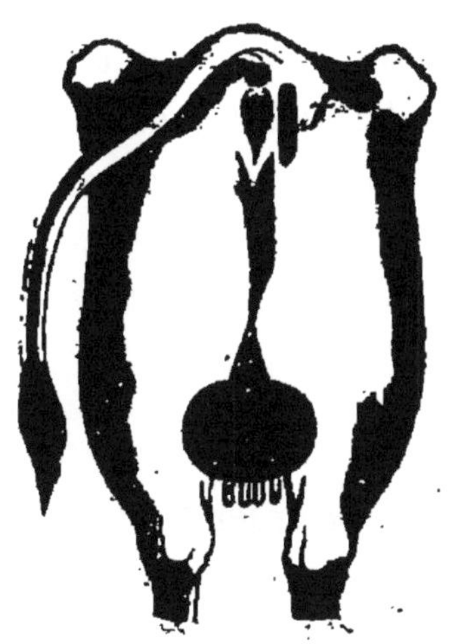

Bâtarde. — Selon son ordre.

La position de la plupart de ces épis est suffisamment indiquée dans les sept dessins précédents, qui représentent les six ordres de la neuvième classe, limousines, et dans l'exception que Guenon appelle bâtarde.

III

CLASSIFICATION

Guenon a, d'après ces signes caractéristiques nommés écussons et épis, rangé dans 10 classes les vaches et les taureaux, car il a également appliqué sa méthode aux reproducteurs destinés à procréer de bonnes laitières. Ces classes portent les noms de flandrines à gauche, lisières, courbes-lignes, bicornes, doubles-lisières, poitevines, équerrines, limousines, carrésines. Il a donné le nom de bâtardes dans chaque classe aux vaches qui perdent leur lait au moment de la gestation.

FLANDRINES

Les vaches de cette classe et du premier ordre, donnent jusqu'à 24 litres de lait par jour, et bien qu'il diminue, elles peuvent en fournir jusqu'au moment de la parturition. Nous avons donné plus haut les dessins des six ordres de cette classe, ainsi que la bâtarde. On remarque au-dessus des trayons de derrière les deux petits épis ovales formés par du poil descendant. L'intérieur et le fond des cuisses, jusqu'à la vulve, sont d'une couleur nankin, que Guenon a nommée couleur indienne.

Le deuxième ordre comprend des vaches donnant 20 litres de lait par jour; elles n'ont qu'un épi ovale au-dessous des trayons, ayant 6 centimètres de long sur 3 de largeur et l'épi babin à droite ou à gauche de la vulve, et par fois des deux côtés.

Le troisième possède des vaches donnant 16 litres et le gardant jusqu'a six mois de la gestation. L'écusson est plus étroit, et il porte un épi vulvé, de 2 à 3 centimètres, aussi long que large.

Quatrième ordre, 12 litres, jusqu'à cinq mois de gestation; épi vulvé et épi cuissard, pas d'épi ovale.

Sixième ordre, 6 litres, jusqu'à trois mois; épi vulvé très-grand, deux épis cuissards.

Bâtardes. On les reconnaît à l'épi bâtard. Plus il est grand, plus le lait se perd promptement au moment de la gestation.

FLANDRINES A GAUCHE

Guenon nomme ainsi la classe qui porte le haut de l'écusson à gauche de la vulve. Elle présente dans ses six ordres les mêmes caractères que les précédentes. La bâtarde de cette classe a un épi fessard à droite;

selon que cet épi est plus ou moins grand, la perte du lait est plus ou moins sensible.

LISIÈRES

On nomme ainsi les vaches dont le haut de l'écusson se termine par une ligue de poil montant en forme de lisière jusqu'à la vulve.

Premier ordre, 24 litres, de lait jusqu'à huit mois, deux épis ovales formés de poils descendants, la couleur de l'écusson est jaune.

Deuxième, 20 litres, jusqu'à sept mois, écusson plus allongé, un épi fessard à gauche ayant 4 centimètres de long et 1 de large, un seul épi ovale à gauche.

Troisième, 16 litres, jusqa'à six mois, écusson terminé en pointe, deux épis fessards, à poils montants de chaque côté de la vulve, celui de droite plus court que celui de gauche.

Quatrième, 12 litres, cinq mois, écusson plus étroit, deux épis fessards plus grands.

Cinquième, 9 litres, quatre mois, épis fessards plus longs et plus larges.

Sixième, 6 litres, à trois mois perdant le lait; écus son très-restreint, épis fessards plus longs et plus lar ges.

Bâtardes, Deux épis fessards longs de 10 à 12 centi mètres, larges de 4 à 6.

COURBES-LIGNES

Cette classe a été nommée ainsi parce que les deux lignes qui dessinent le haut de l'écusson forment une courbe distante de 5 à 6 centimètres de la vulve. Le haut de cet écusson ressemble à un cœur.

Premier ordre, 24 litres, jusqu'à huit mois, couleur indienne à l'écusson, deux épis ovales à poils descendants, épis fessards.

Deuxième, 20 litres, sept mois, écusson moins développé, un épi ovale, un épi fessard à gauche.

Troisième, 16 litres, six mois, écusson plus étroit, deux épis fessards, un épi ovale, les épis fessards ont 2 centimètres de largeur et un décimètre de longueur.

Quatrième, 12 litres, cinq mois; l'épi fessard des deux côtés de la vulve, il est un tiers plus grand que dans l'ordre précédent, deux épis cuissards de 10 centimètres de large sur 15 de long.

Cinquième et sixième, l'écusson s'abaisse de plus en plus et les épis fessards et cuissards sont plus longs et plus larges.

Bâtardes. Elles se reconnaissent à la largeur des deux épis fessards, qui se terminent en pointe.

BICORNES

Dans cette classe l'écusson se termine dans le haut par une bifurcation. La corne de gauche doit être plus longue que celle de droite. Le premier ordre donne 20 litres jusqu'à sept mois. On retrouve dans chaque ordre les mêmes caractères qui marquent la diminution dans le rendement chez les autres classes. Il en est de même de toutes les autres classes, dont nous nous contenterons de donner la définition.

DOUBLES-LISIÈRES

Les vaches de cette classe présentent un écusson qui part des quatres trayons et monte jusqu'à la vulve; il a à peu près la forme de celui de la troisième classe, et il n'en diffère que parce qu'il est bordé de chaque côté par une double ligne de poils montants large de 2 centimètres. Dans les bâtardes de cette classe les deux épis fessards se confondent avec les deux lisières.

POITEVINES

Guenon a donné ce nom aux vaches de la septième classe, parce que la forme de leur écusson est celui d'une dame-jeanne ou pot de vin.

ÉQUERRINES

L'écusson des vaches de cette classe se termine en équerre; de là leur nom. L'extrémité de l'équerre est à gauche de la vulve. Dans les bâtardes l'épi fessard à droite est d'un poil hérissé, ainsi que le haut de l'équerre.

LIMOUSINES

L'écusson des vaches limousines, au lieu de se terminer en cœur comme dans les courbes-lignes, se termine en pointe comme une flèche. Le premier ordre donne jusqu'à 20 litres de lait et pendant huit mois.

CARRÉSINES

Les vaches dont le haut de l'écusson se termine par une ligne droite et dont la forme a quelque rapport avec un trapèze, ont reçu de Guenon le nom de carrésines. Cette classe a pour le rendement et la durée de la lactation beaucoup de rapport avec la précédente. Les bâtardes ont des épis fessards très-grands.

RÉSUMÉ

1° Écusson grand et fin, non envahi par des épis, indice d'une bonne laitière.

2° Plus l'écusson diminue, plus la capacité lactifère devient moindre.

3° Poil de l'écusson fin, épiderme couleur indienne, signes de bon teint.

4° La présence des épis ovales distingue dans chaque classe le premier ordre, c'est-à-dire celui qui compte des vaches donnant de 20 à 24 litres de lait jusqu'à huit mois.

5° On remarque qu'à mesure que l'épi ovale disparaît et que l'écusson est plus ou moins envahi par les épis fessards et les épis cuissards, le rendement diminue.

M. Villeroy résume ainsi le système Guenon :

La quantité de lait est proportionnelle à l'étendue de l'écusson, et d'après ce signe facilement appréciable, on peut classer les vaches en très-bonnes, en bonnes, en médiocres et en mauvaises laitières. Les très-bonnes laitières ont l'écusson très-ample, la constitution osseuse, l'apparence délicate et le caractère doux; la très-mauvaise se distingue par un écusson étroit, formé de poil hérissé et par des formes masculines. En réunissant les indices fournis par l'étendue de l'écusson et par les veines on arrive à une appréciation aussi exacte que possible des qualités laitières d'une vache.

NOTA

Quand la vache est sur le point de faire son veau, on comprend que l'écusson présente une plus grande étendue et que les épis doivent également s'élargir, par conséquent il ne faut pas choisir ce moment pour expérimenter la méthode Guenon.

DES BÊTES OVINES

L'expression des *bêtes ovines* est employée pour désigner l'ensemble des animaux de l'espèce du mouton. On appelle encore ces animaux *bêtes à laine* ou *bétail blanc*. Le mâle entier est désigné sous le nom de *bélier*, le mâle châtré porte le nom de mouton. La femelle est appelée *brebis*. Quand les animaux viennent de naître, ils reçoivent les noms d'agneau ou d'agnelle suivant leur sexe; à l'âge d'un an jusqu'à deux ans, ils portent le nom *d'antenois* ou *antenoise*.

SIGNES DE LA SANTÉ DES BÊTES OVINES

Les belles formes ne sont souvent qu'une apparence de la vigueur d'un animal, si la santé n'en est caution. Toute bête à laine est saine, si son œil est plein et net, si les vaisseaux qui s'aperçoivent sur le blanc sont d'un rouge clair quand on ouvre l'œil sans le presser, si la peau est sèche et d'une couleur rosée, si la laine tient fortement à la peau, si les dents sont blanches et les gencives fermes. L'animal joint la vigueur à la santé lorsqu'on lui voit de l'agilité, de la prestesse dans les mouvements, et de l'inquiétude au moindre bruit qu'il entend, et surtout quand il a le jarret fort; mais l'œil creux et couleur de suif, les vaisseaux sanguins de cette partie d'une couleur obscure, la chair molle, la peau humide, la laine qui se détache aisément, les dents ternes, les gencives baissées, sont les marques certaines d'une mauvaise santé.

CONNAISSANCE ET CHOIX DES BÊTES OVINES

C'est Daubanton qui va ici nous servir de guide. Les caractères, dit-il, qui font connaitre les bons béliers sont : la tête grosse, le nez camus, les naseaux courts et étroits, le front large, élevé et arrondi, les yeux noirs, grands et vifs, les oreilles grandes et couvertes de laine, l'encolure large, le corps élevé, gros et allongé, les reins larges, le ventre grand, les testicules gros, la queue longue et forte à sa racine. Les bonnes brebis sont celles qui ont le corps grand, les épaules larges, les yeux gros, clairs et vifs, le cou gros et droit, le dos large, le ventre grand, les tétines longues, les jambes menues et courtes et la queue épaisse. Les bons moutons sont ceux qui n'ont point de cornes, qui sont vigoureux, hardis et bien faits dans leur taille, qui ont de gros os et la laine douce, grasse, nette et bien frisée. Parmi les uns et les autres de ces animaux, il faut encore choisir ceux qui ont la laine la meilleure et la plus abondante, pour en tirer plus de produit; celles qui sont de la plus haute taille, parce qu'elles fournissent plus de laine et plus de chair; celles qui sont dans l'âge le plus convenable pour produire beaucoup et pour durer longtemps; enfin celles qui sont les plus saines et les mieux proportionnées pour être robustes et vigoureuses. Cependant les plus grandes tailles ne sont pas préférables dans tous les pays parce qu'il faut des pâturages très-abondants pour suffire à leur nourriture. Ainsi, la race flamande ou flandrine ne pourrait pas réussir dans les terrains secs et élevés, où l'herbe est fine et rare; ces terrains conviennent mieux aux petites races, qui demandent moins de nourriture. On ne met pas de moutons de grande race sur les prairies humides, parce qu'ils y sont plus sujets à la pourriture que les moutons de petite race. D'ailleurs, si les petits étaient attaqués de ce mal, il y aurait moins à perdre que sur les grands.

Nous avons dit plus haut que les principaux signes de la santé et de la vigueur des bêtes ovines étaient la veine de l'œil de bonne couleur, et le jarret fort. Voici comment on s'y prend pour faire cet examen : Pour connaître la veine, le berger met la bête entre ses jambes, comme s'il voulait monter à cheval dessus, ce qu'on appelle enfourcher; il empoigne la tête avec les deux mains, il relève avec le pouce de la main gauche, si c'est l'œil droit; et avec le pouce de la main droite, si c'est l'œil gauche, la paupière du-dessus de l'œil, et avec le pouce de l'autre main il abaisse la paupière du dessous. Alors, il regarde les veines du blanc de l'œil : si elles sont bien apparentes, s'il les voit d'un rouge vif, si les chairs qui sont au coin de l'œil, du côté du nez, ont aussi une belle couleur rouge, c'est un signe que l'animal est en bonne santé. Pour savoir si le jarret est bon, il faut saisir le mouton par l'une des jambes de derrière, s'il fait de grands efforts pour la retirer, s'il la secoue d'une manière vive et sèche si, enfin, l'on est obligé d'employer beaucoup de force pour la retenir, c'est une preuve que l'animal est fort et vigoureux.

RACES PORCINES.

Elles sont aussi variées et aussi nombreuses que celles des autres animaux domestiques, et leurs caractères distinctifs sont souvent difficiles à déterminer.

Le choix du porc mâle ou *varrah* est une chose à considérer lorsqu'il s'agit de la propagation de l'espèce : c'est lui qui est le soutien des races; de lui dépend la prospérité du troupeau dont il fait partie. Un bon varrah n'est pas toujours facile à trouver. Pour être reconnu bon indépendamment de toutes les qualités corporelles qui annoncent de la vigueur, il faut qu'il ait la tête grosse, les yeux petits et ardents, les oreilles grandes et pendantes, le groin court et camus, le col grand et épais ; le dos droit et large, le corps court, ramassé, plutôt carré que long, les fesses larges, les testicules gros, les jambes courtes et fortes, les soies épaisses, noires, rudes et en quelque sorte hérissées sur le dos. Un cochon mâle ainsi conformé peut suffire à vingt femelles ou truies ; cependant il vaut mieux ne lui en donner que seize afin d'avoir une race plus robuste.

Quant à la truie, on doit, autant que possible, la choisir sur le modèle du *varrah*. Il faut qu'elle soit d'une race féconde, qu'elle ait un naturel tranquille, une belle encolure, le corps allongé, les reins et les épaules larges, le ventre ample, les mamelles longues et les soies naturellement douces.

La précocité est la qualité que l'on doit surtout rechercher dans la race qu'on élève. Les porcs précoces sont ceux qui atteignent leur croissance en peu de temps et qui, par conséquent, peuvent être engraissés à un âge où les porcs tardifs ne peuvent pas encore être mis à l'engrais. Il est évident qu'un porc précoce qu'on peut rendre gras à l'âge d'un an donne un bénéfice beaucoup plus grand qu'un porc tardif qui ne peut être engraissé qu'à l'âge de deux ans, et par conséquent qu'il a fallu nourrir pendant deux ans.

Les porcs les plus répandus en France sont de grande taille ; leur pelage est blanc, leurs jambes sont hautes et grosses ; la tête est fort grosse et fort longue ; ils ont la côte plate et sont assez difficiles à engraisser,

On tend de plus en plus à changer la conformation de cette race par des croisements avec les races anglaises.

La meilleure des races françaises est celle répandue dans le Poitou et qu'on nomme race *craonaise*. Les races normande, champenoise, angéronne, bressanne, Périgourdine, ont l'inconvénient d'être efflanquées et hautes sur jambes.

Les races anglaises sont les plus précoces et moins sujettes à la ladrerie que nos races indigènes. Les porcs anglais ont les jambes minces et courtes; leur charpente osseuse est développée, et le volume des os est petit. La tête, quoique fort petite, est garnie d'énormes bajoues, les oreilles sont droites; le corps est long, et la distance du ventre au dos est considérable. Le dos est large surtout vers les épaules; ils sont faciles à nourrir, deviennent énormes et ressemblent, lorsqu'ils sont gras, à un tonneau auquel on aurait mis quatre pattes; ils ont encore les qualités d'être doux et familliers.

DEUXIEME PARTIE

TRAITÉ COMPLET DES VICES RÉDHIBITOIRES

CHAPITRE PREMIER

DES VICES RÉDHIBITOIRES EN MATIÈRE DE VENTES ET ÉCHANGES D'ANIMAUX DOMESTIQUES. — LOI DU 20 MAI 1838. — GARANTIE CONVENTIONNELLE.

HISTORIQUE.

Dans le commerce des animaux, plus que dans tout autre, dit Husard fils, l'acheteur a des chances défavorables à courir; souvent l'animal qui paraît dans le meilleur état est affecté de vices et de maladies que l'œil de la personne la plus exercée ne peut connaître, à moins qu'elle n'ait étudié la médecine vétérinaire; il est même des circonstances où le vétérinaire le plus instruit ne peut juger de suite de l'existence de ces vices ou maladies: enfin quelquefois le vendeur lui même les ignore ou est trompé sur l'état de l'animal: combien donc à plus forte raison peut se tromper sur cet état quelqu'un qui n'est ni vétérinaire ni marchand et qui achète l'animal parce qu'il en a besoin?

Aussi le législateur a-t-il, partout, de tout temps, imposé au vendeur certaines obligations. Ce vendeur a été obligé, par exemple, de garantir l'acheteur qu'il ne serait pas troublé dans la jouissance de la chose vendue, ensuite que la chose vendue n'aurait pas certains défauts. Ce droit de l'acheteur a été appelé *garantie*, et les vices ou défauts que le vendeur est tenu de garantir ont été appelés *vices rédhibitoires*, c'est-à-dire vices qui donnent lieu à la résiliation du marché, ou à la rédhibition. Comme on le sait ces mots *rédhibition*, *rédhibitoire* viennent du verbe latin *redhibere* qui signifie rendre le prix d'une chose vendue et la reprendre.

Antérieurement à la publication du code Napoléon, a dit M. Renault, la garantie applicable au commerce des animaux, dans toutes les provinces de France, était régie par des usages dont l'origine se perd dans la nuit des temps. Il n'y avait de vice rédhibitoire que celui reconnu par l'usage, qui prescrivait aussi la durée du temps pendant lequel l'action en garantie devait être intentée : ainsi le cornage, la courbature qui donnaient lieu à l'action rédhibitoire dans l'Artois, n'étaient pas garantis par la coutume d'une province qui la touche, le Cambrésis ; la pousse qui avait quarante jours de garantie dans ce dernier pays, n'en avait que quinze dans le premier. Le farcin, vice rédhibitoire dans la Bretagne, ne l'était pas dans la Normandie, etc.

Longtemps les cas rédhibitoires restèrent invariablement ceux que l'usage avait fixés pour chaque localité. Seulement, et de temps à autre, pendant le dernier siècle, quelques nouveaux cas furent admis par divers parlements et inscrits dans les coutumes des pays qui étaient de leur ressort. A cela près, et malgré les réclamations motivées que commençaient à faire entendre les vétérinaires, aucune modification ne fut apportée aux usages: dans toute la France ils continuèrent à faire loi sur la matière.

Mais parut le code Napoléon. Les articles qu'il contient sur la garantie des défauts cachés de la chose vendue furent accueillis avec satisfaction par tous les amis de l'agriculture, et surtout par les vétérinaires qui y voyaient fixés et déterminés par des principes équitables, les caractères que devait réunir un vice quelconque pour donner lieu à la rédhibition.

Et cependant, après la publication du code Napoléon, les usages et coutumes continuèrent à régir la garantie. A tort ou à raison, la plupart des tribunaux français prétendirent que, loin d'être abolis, les usages étaient explicitement conservés par l'art 1648, et persistèrent dans leur première jurisprudence. D'autres, et c'était malheureusement le plus petit nombre, adoptèrent les principes posés par le Code pour la détermination des vices rédhibitoires, mais ils les rejetèrent quant à la durée de la garantie, qu'ils conservèrent telle qu'elle avait été fixée par l'usage.

Cependant le gouvernement avait senti la nécessité de mettre un terme à un état de chose si préjudiciable aux grands intérêts de l'agriculture. Dans le projet du code rural, qui fut présenté en 1808 au Conseil d'État par ordre de Napoléon, on avait déterminé les vices des animaux qui devaient être rédhibitoires dans toute la France, et on avait fixé, pour chacun de ces vices, une durée de garantie en rapport avec leur nature. Pour des raisons qu'il n'est pas permis de chercher, le code rural resta toujours un projet.

L'agriculture, le commerce, les tribunaux même, pénétrés enfin des erreurs et des contradictions de la législation des usages, appelèrent de tous leurs vœux une loi spéciale sur la matière, une loi qui, déterminant bien les vices qui doivent être rédhibitoires dans toute la France, et la durée de la garantie qui convient à chacun deux, mette un terme à ces affligeants et nombreux procès qui naissaient tous les jours du vague des principes ou de la disparité des règles. C'est pour répondre à ces vœux qu'a été conçue la loi des 20 et 26 mai 1838.

Dans son rapport à la chambre des députés le 24 avril 1838, M. Lherbette s'exprime ainsi :

Le code Napoléon, en posant article 1625, le principe de la garantie du vendeur à l'égard de l'acquéreur, signale entre autres, comme donnant lieu à la garantie, les défauts cachés de la chose vendue, ou les vices rédhibitoires, et dans son article 1641, il ajoute que les défauts cachés qui donnent ouverture à l'action en garantie sont ceux « qui rendent la chose vendue impropre à l'usage auquel on la destine, ou qui diminuent tellement cet usage, que l'acheteur ne l'aurait pas acquise, ou n'en aurait donné qu'un moindre prix, s'il les avait connus. »

Enfin l'article 1648 déclare « que l'action résultant des vices rédhibitoires doit être intentée par l'acquéreur dans un bref délai, suivant la nature des vices rédhibitoires et l'usage des lieux où la vente a été faite. »

Le code Napoléon ne spécifie donc, dans les articles précités, ni les défauts cachés qui, dans le commerce des animaux domestiques, peuvent entraîner une action en garantie, ni les délais dans lesquels cette action doit être intentée.

Aussi ses dispositions incomplètes font-elles naître de nombreuses contestations judiciaires. Les tribunaux civils et les tribunaux de commerce sont divisés sur leur application.

Les uns décident que l'article 1641 doit être exécuté dans sa généralité, nonobstant la nature des vices, la différence des délais et la diversité des usages locaux: les autres jugent, au contraire, que le principe général de l'article 1641 est modifié par les dispositions plus restrictives de l'article 1648. Enfin, ils ne s'accordent point sur l'interprétation que doit recevoir ce dernier article, ni sur la question de savoir s'il se refère à l'usage des lieux seulement pour la fixation des délais, ou s'il y renvoie également pour déterminer quels sont les vices rédhibitoires.

Un autre inconvénient, c'est que parmi ces vices dont il est souvent si difficile d'apprécier les caractères, il en est qui, dans certaines localités, sont considérés comme rédhibitoires, et qui, dans d'autres, n'entraînent aucun recours.

La durée de la garantie n'est pas moins variable que la nature des vices; elle se modifie suivant les départements, quelquefois aussi suivant les communes limitrophes! La diversité des usages locaux qui régissent les contrats de vente de cette nature donne donc sans cesse lieu à des doutes sur l'étendue qu'ils peuvent avoir, ou la sécurité qu'ils peuvent offrir.

Ce défaut d'uniformité de la législation à la fois pour les cas rédhibitoires et pour les délais de l'action, selon une jurisprudence, ou même pour les délais seulement, selon une autre, jette le trouble dans le commerce. Un marchand achète un animal taré d'un vice dans un lieu où ce vice est rédhibitoire, pour le revendre comme sain dans un autre où la même cause de rédhibition n'est pas reconnue; plus fréquemment encore il achète un tel animal dans un lieu où le délai de l'action est plus long, pour le revendre dans un autre où ce délai est plus bref, sauf à exercer ou non l'action récursoire dans le premier cas, selon qu'il n'aura pas ou aura réussi à vendre l'animal, et dans le second, selon qu'il sera ou non attaqué en rédhibition.

C'est pour remédier aux abus qui résultent de cet état de choses, que le gouvernement a reconnu la nécessité de préparer un projet de loi sur une matière qui intéresse à un si haut degré le commerce et l'agriculture.

Substituer l'uniformité de la loi à la diversité des coutumes, la fixité de la jurisprudence à la contrariété des jugements, les règles certaines et invariables du droit à l'appréciation discrétionnaire des tribunaux, prévenir la fraude et la réprimer, protéger les transactions, diminuer le nombre des procès; tels sont les principaux avantages de la loi du 20 mai 1838.

LOI DES 20 ET 26 MAI 1838

ART. 1.

Sont réputés vices redhibitoires et donneront seuls ouverture à l'action résultant de l'article 1641 du code Napoléon, dans les ventes ou échanges des animaux domestiques ci-dessous dénommés, sans distinction des localités où les ventes et échanges auront eu lieu, les maladies ou défauts ci-après, savoir:

POUR LE CHEVAL, L'ANE OU LE MULET

La fluxion périodique des yeux,

L'épilepsie ou le mal caduc,

La morve,

Le farcin,

Les maladies anciennes de poitrine ou vieilles courbatures,

L'immobilité,

La pousse,

Le cornage chronique,

Le tic sans usure des dents,

Les hernies inguinales intermittentes,

La boiterie intermittente pour cause de vieux mal.

POUR L'ESPÈCE BOVINE

La phthisie pulmonaire ou pommelière,

L'épilepsie ou mal caduc,

Les suites de la non-délivrance; — le renversement du vagin ou de l'utérus.	Après le part chez le vendeur.

POUR L'ESPÈCE OVINE

La clavelée: cette maladie reconnue chez un seul animal entraînera la rédhibition de tout le troupeau.

La rédhibition n'aura lieu que si le troupeau porte la marque du vendeur.

Le sang de rate: cette maladie n'entraînera la rédhibition du troupeau qu'autant que, dans le délai de la garantie, sa perte constatée s'élèvera au quinzième au moins des animaux achetés.

Dans ce dernier cas, la rédhibition n'aura lieu également que si le troupeau porte la marque du vendeur.

ART. 2.

L'action en réduction du prix, autorisée par l'article 1641 du code Napoléon, ne pourra être exercée dans les ventes et échanges d'animaux énoncés dans l'article 1er ci-dessus.

ART. 3.

Le délai pour intenter l'action rédhibitoire sera, non compris le jour fixé pour la livraison :

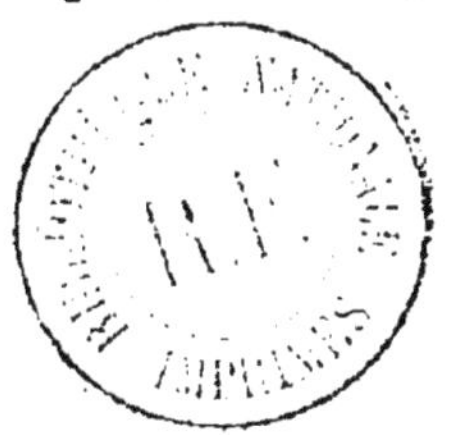

De trente jours pour le cas de fluxion périodique des yeux et d'épilepsie ou mal caduc.

De neuf jours pour tous les autres cas.

Art. 4.

Si la livraison de l'animal a été effectuée ou s'il a été conduit, dans les délais ci-dessus, hors du lieu du domicile du vendeur, les délais seront augmentés d'un jour par cinq myriamètres de distance du domicile du vendeur au lieu où l'animal se trouve.

Art. 5.

Dans tous les cas, l'acheteur, à peine d'être non recevable, sera tenu de provoquer, dans les délais de l'article 3, la nomination d'experts chargés de dresser procès verbal; la requête sera présentée au juge de paix du lieu ou se trouvera l'animal.

Ce juge nommera immédiatement, suivant l'exigence des cas, un ou trois experts, qui devront opérer dans le plus bref délai.

Art. 6

La demande sera dispensée du préliminaire de conciliation, et l'affaire instruite et jugée comme en matière sommaire.

ART. 7.

Si pendant la durée des délais fixés par l'article 3, l'animal vient à périr, le vendeur ne sera pas tenu de la garantie, à moins que l'acheteur ne prouve que la perte de l'animal provient de l'une des maladies spé cifiées dans l'article 1er.

ART. 8.

Le vendeur sera dispensé de la garantie résultant de la morve et du farcin pour le cheval, l'âne et le mulet, et de la clavelée pour l'espèce ovine, s'il prouve que l'animal, depuis la livraison, a été mis en contact avec des animaux atteints de ces maladies.

GARANTIE CONVENTIONNELLE

Nous trouvons dans le *Moniteur agricole*, un article fort judicieux de M. Magne sur la garantie en matière de ventes d'animaux ; nous le transcrivons.

« La garantie que le vendeur doit à l'acquéreur dans le commerce des animaux domestiques est légale ou conventionnelle.

» On appelle légale, celle qui est déterminée par la loi. Il n'est pas nécessaire de la stipuler dans un marché; elle existe de droit, à moins que l'acquéreur n'y ait explicitement renoncé. Mais on peut y renoncer, en tout ou en partie; c'est-à-dire déclarer en achetant un animal qu'on renonce à la garantie pour tous les vices rédhibitoires dont cet animal peut être affecté, ou seulement pour un ou plusieurs vices qui, alors, doivent être nominativement désignés dans les déclarations de non-garantie.

» Ces contrats de non-garantie sont rares dans le commerce, et dans tous les cas, ils sont exécutés par les deux parties, avec une connaissance parfaite des obligations réciproquement contractées: car le vendeur qui les provoque constamment sait toujours ce qu'il fait, et l'acheteur ne les accepte, que parce qu'il y trouve son avantage, parce qu'on lui livre la marchandise dont il fait l'acquisition, à un prix peu élevé.

» Il n'en est pas de même de la garantie conventionnelle. Celle-ci est souvent la cause de méprises fort préjudiciables aux acheteurs de chevaux. Voici comment :

» Toujours les marchands sont très-disposés à faire des garanties générales et surtout verbales. Ils ne vendent pas un seul animal, sans déclarer plusieurs fois qu'ils le garantissent sain et exempt de tous vices rédhibitoires. D'après leurs paroles, on peut prendre les animaux avec confiance : ils donnent, disent-ils, le droit de les faire visiter et s'engagent à les reprendre, s'ils sont trouvés affectés de quelques vices, si on n'en est pas content. Très-volontiers, ils rédigent leurs promesses par écrit et inspirent ainsi une pleine confiance aux acheteurs. Ils écrivent une déclaration à peu près dans les termes suivants : Je garantis l'animal que je vends au sieur X..., de toutes les maladies, de tous les vices et défauts rédhibitoires.

» Cet engagement, qui satisfait complétement la plupart des acheteurs, par sa généralité même, n'a absolument aucune valeur. Les vices rédhibitoires sont garantis d'après la loi du 20 mai 1838. Toute stipulation spéciale est donc superflue. La formule que nous avons transcrite, n'ajoute rien aux droits garantis par cette loi ; elle ne sert qu'à faire payer les animaux 20, 30, 40 francs de plus, car les marchands ne manquent pas de faire croire qu'ils font un sacrifice, qu'ils s'engagent. Souvent même, c'est en garantissant ainsi des vices qui n'ont pas besoin d'être garantis, que les marchands vendent des chevaux couverts de vices, ruinés, mais dont les maladies, les tares, quoique très-graves, ne sont pas rédhibitoires d'après la loi. L'acquéreur plein de bonne foi, se charge d'animaux, que, sans cette vaine condition, il n'achèterait qu'en les prenant à l'essai, et en se réservant positivement le droit de les faire travailler, de les faire visiter et de les rendre s'il n'en était pas content.

» Pour faire reprendre les animaux qui sont affectés de vices, de maladies non rédhibitoires, c'est-à-dire non énumérés dans la loi du 20 mai 1838, il faut une garantie conventionnelle, c'est-à-dire qui ne résulte pas de la loi, mais d'une convention entre le vendeur et l'acheteur.

» Cette garantie peut avoir deux objets : assurer que certaines maladies n'existent pas où que les animaux ont certaines qualités, ou bien prolonger la durée de la garantie légale.

» D'après l'article 3 de la loi du 20 mai, la durée pour intenter l'action rédhibitoire est, non compris le jour fixé pour la livraison, de 30 jours pour le cas de fluxion périodique des yeux et d'épilepsie ou mal caduc ; de 9 jours pour tous les autres cas.

» Il est dit article 4 : Si la livraison de l'animal a été effectuée ou s'il a été conduit dans les délais ci-dessus, hors du lieu du domicile du vendeur, les délais seront augmentés d'un jour par cinq myriamètres de distance du domicile du vendeur au lieu où l'animal se trouve.

» Nous le répétons, une convention de garantie n'est utile qu'autant que l'on a besoin de faire garantir des défauts, des maladies, non prévus par la loi, c'est-à-dire non rédhibitoires ; ou l'existence de certaines qualités que, d'après le vendeur, les animaux possèdent ; mais alors il faut indiquer très-positivement dans la convention la maladie ou le défaut qui est garanti soit en le désignant par un nom connu, soit en le décrivant et désignant la partie du corps sur laquelle on l'observe. Il est presque inutile d'ajouter qu'il est indispensable d'indiquer aussi quelles sont les qualités que doivent posséder les animaux.

» Un marchand peut aussi s'engager à garantir un animal d'une manière générale ; à le garantir exempt de tout défaut et de toute maladie. Cet engagement aurait même une valeur incontestable si l'animal vendu était atteint d'un vice grave ou d'un défaut bien caractérisé ; mais il pourrait ne pas répondre aux intentions de l'acquéreur qui croirait par exemple que cette convention lui assure un animal fort, robuste, pouvant lui rendre de bons services ; si l'animal n'était atteint que d'une affection légère, d'un vice sans gravité, le vendeur ne manquerait pas de dire qu'il n'y a pas de chevaux sans défaut, et qu'il ne doit aucune garantie ; il invoquerait certainement la nécessité de respecter le contrat de vente ; la décision dépendrait de la manière de voir de l'expert, de l'opinion du tribunal ; ce sont des difficultés qu'il est préférable d'éviter, en désignant nominativement les maladies ; les défauts graves ou légers qui doivent être garantis.

» Lorsqu'un propriétaire achète un animal, et que sans soupçonner l'existence d'aucun vice en particulier, il veut se réserver le droit de le faire visiter et de le rendre dans le cas où il aurait une tare, un défaut, même léger et non rédhibitoire, il doit le prendre à l'essai pour quatre, six ou huit jours. C'est le meilleur moyen d'éviter toute contestation sur l'existence ou la gravité des défauts.

» La garantie conventionnelle peut aussi s'appliquer à la durée de la garantie, soit pour la diminuer, soit pour la prolonger; il est bien rare qu'on cherche à diminuer la durée de la garantie; très-souvent, au contraire, des acheteurs peuvent avoir intérêt à faire prolonger ce temps au-delà des 9 et 30 jours accordés par les articles 3 et 4 précités de la loi du 20 mai.

» Ces casse présentent quand on achète des animaux affectés de maladies, dont la nature et la gravité ne peuvent pas être appréciées. Ainsi, ce sont des chevaux qui ont les ganglions de l'auge engorgés et qui jettent par les naseaux; ils ne sont pas morveux, mais on peut craindre que leur maladie se termine par la morve; des chevaux qui ont les yeux malades, mais dont le mal est attribué à un coup d'air ou à une contusion dont on voit encore les traces sur la tempe; ce sont des chevaux boiteux et dont la boiterie est due selon les vendeurs, à un clou de rue, à un coup de pied, etc.

» On peut craindre en achetant ces animaux, que les maladies apparentes n'aient été produites pour cacher la fluxion périodique, une vieille boiterie intermittente. D'autres fois, quoique les chevaux présentent les symptômes du cornage ou de la pousse, on ne peut pas déclarer l'existence de ces vices rédhibitoires. Cela a lieu quand le bruit respiratoire et l'irrégularité des flancs existent avec une maladie aiguë de la gorge ou de la poitrine. On peut croire que la guérison de la maladie aiguë fera disparaître les symptômes, dont la persistance constituerait le vice rédhibitoire.

» Dans tous ces cas, si on achète les animaux, il faut se faire faire une déclaration par laquelle le vendeur s'engage à prolonger la durée de la garantie, de 10, 20 jours, plus ou moins, selon les craintes que l'on a, ou même jusqu'après la guérison du mal apparent par lequel le vendeur explique l'apparence du vice rédhibitoire que l'on redoute. Si après la guérison de la plaie du pied, de l'angine, de la contusion à la paupière, l'animal reste boiteux; s'il continue à être affecté du cornage et de la pousse, si l'œil est toujours malade on demande l'exécution de la déclaration, et on fait reprendre l'animal.

» Le cas que nous venons de supposer se présente assez souvent après la vente. Un proprietaire achète un cheval avec une toux, un état fébrile auquel il ne fait pas attention, ou qu'on lui dit être le résultat d'une imprudence, d'un refroidissement. Après avoir gardé l'animal deux ou trois jours, il s'aperçoit que le flanc est altéré, que la respiration est bruyante.

» Il ne peut pas être possible de déclarer s'il existe un vice rédhibitoire. Avant de faire des frais qui pourraient devenir considérables, s'il fallait mettre l'animal en fourrière, l'acheteur propose au vendeur la prolongation de la durée de la garantie. Il est probable que, si le vendeur est sûr du cheval, il accepte la proposition. Dans le cas contraire, l'acheteur ne pourrait réserver ses droits qu'en faisant, avant les délais sus-désignés, les démarches nécessaires.

» On ne saurait trop appeler l'attention sur les précautions que nous venons d'indiquer. Il arrive très-souvent que les acheteurs se contentent d'une garantie générale, comme les marchands se plaisent à les faire; ils prennent les animaux avec toute sécurité, persuadés qu'ils pourront les rendre s'ils n'en sont pas contents. Ils les font ensuite visiter, et il se trouve quelquefois qu'ils ont acheté des chevaux qui ont quatre, cinq, six ans de plus que l'âge indiqué par le vendeur, des chevaux qui ont eu les dents limées, qui sont contre-marqués, qui portent sur leurs membres usés des exostoses, des molettes; qui ont les pieds mal conformés, les fourchettes ulcérées; qui sont méchants, rétifs, inabordables, et refusent de travailler; qui ont très-mauvaise vue, qui sont aveugles même, sans qu'il soit possible de les faire reprendre, attendu que ces défauts ne sont pas rédhibitoires, et partant ne sont pas compris dans la garantie contractée par le marchand. »

CHAPITRE II

DES VICES RÉDHIBITOIRES EN MATIÈRE DE VENTES OU ÉCHANGES D'ANIMAUX DOMESTIQUES. — COMMENTAIRE DE LA LOI DU 20 MAI 1838. — JURISPRUDENCE.

CONSIDÉRATIONS GÉNÉRALES.

1. La loi du 20 mai 1838 n'a pas formulé toutes les règles applicables à l'exercice de l'action rédhibitoire en matière de ventes ou échanges d'animaux domestiques, mais seulement des règles spéciales. Elle a déterminé les cas rédhibitoires, fixé la durée de la garantie, introduit quelques règles abréviatives de procédure et décidé que l'acheteur aurait seulement l'action en résolution et non plus l'option entre la résolution et une diminution de prix. Ainsi, autrefois et sous l'empire du Code Napoléon, l'acheteur avait le choix, lorsque le vice rédhibitoire était constaté, de demander la résolution de la vente ou une diminution dans le prix, les dispositions de la loi de 1838 in-

terdisent cette faculté ; il devra donc poursuivre l'annulation de la vente ou garder l'animal avec ses vices.

2. La loi de 1838 ne concerne que les ventes volontaires ; celles faites par autorité de justice demeurent, comme par le passé, affranchies de cas rédhibitoires ; elle cesse d'être la règle, lorsqu'une convention est intervenue entre le vendeur et l'acheteur, pour dispenser de la garantie ou pour étendre celle-ci jusqu'à des cas non rédhiditoires de plein droit ; elle ne déroge non plus aux dispositions concernant les effets de la mauvaise foi et l'étendue des réparations auxquelles le vendeur peut être condamné.

3. La garantie conventionnelle peut valablement devenir la loi des parties dans les ventes d'animaux domestiques. L'acheteur peut donc stipuler que le vendeur sera tenu à garantie pour tous vices, quels qu'ils soient, même pour les vices apparents ; il devra d'autant mieux prendre cette précaution contre les ruses des maquignons, que la fraude est toujours difficile à prouver, et que le fardeau de cette preuve lui incomberait s'il avait imprudemment suivi la foi du du vendeur.

4. La garantie conventionnelle peut n'être qu'implicite, et c'est ce qui arrive le plus ordinairement, rsqu'en achetant on stipule formellement l'existence

de telle qualité déterminée, on sous-entend que l'absence de cette qualité sera un vice entrainant la résolution de la vente. Ainsi, si un animal avait été vendu comme animal reproducteur, le vice qui le rendrait impropre à la distinction affirmée ou stipulée serait un vice rédhibitoire d'après la convention.

5. D'ailleurs, lorsque la stipulation insérée dans le marché relativement à telle ou telle qualité est tellement précise, qu'il est évident que cette qualité est la cause déterminante du consentement de l'acheteur et la condition *sine qua non* du contrat, le droit de l'acheteur de demander la résolution de la vente pour inexécution de la condition paraît pouvoir s'exercer, non plus seulement au moyen de l'action rédhibitoire, mais aussi au moyen de l'action *ex abrupto*. En effet, la condition exprimée donne à l'animal un type bien déterminé, et la livraison de tout autre animal fait naître une contestation qui concerne bien moins les vices ou qualités que l'identité même de la chose. Tel est le cas où, au lieu d'un cheval de telle race qui faisait l'objet du marché, le vendeur a livré un cheval de telle race différente ; ou bien encore le cas où, au lieu d'une pouliche n'ayant encore eu aucun rapport avec un mâle et que l'acheteur n'a achetée qu'en vue de la faire saillir par un étalon de pur sang, le vendeur a livré une poulinière déjà grosse d'une manière non apparente, et ne pouvant plus remplir la destination,

stipulée. — Ce qui est dit du cas de stipulation par l'acheteur peut s'appliquer également au cas où la mise en vente a été faite avec des indications attribuant à l'animal un type déterminé. Dans une espèce où un cheval acheté comme cheval de six ans sur la foi des indications d'annonces et de prospectus mis en circulation par le vendeur, avait été reconnu être en réalité un cheval de neuf ans, il a été jugé que la vente était susceptible de résolution pour défaut d'identité entre la chose vendue et la chose livrée (Trib. com. de la Seine, 19 janvier 1858). Dalloz, Jurisprudence générale.

6. Il a été jugé que lorsque l'acheteur a déclaré accepter l'animal qu'on lui proposait en vente avec ses défauts apparents et les défauts rédhibitoires qu'il peut avoir, cette clause n'équivaut pas à une stipulation de non garantie applicable même à une maladie contagieuse, telle que la morve, s'il ne paraît pas que le consentement de l'acheteur ait été jusqu'à l'acceptation d'un animal atteint d'une telle maladie, et si d'ailleurs, en fait, le vendeur n'a pu ignorer l'existence du vice (Trib. de comm. de Pau, 5 janvier 1861).

7. Si un marchand vend un cheval atteint de la morve, ou un mouton atteint de la clavelée ; que, par suite de cette vente, les chevaux de toute une écurie

ou un troupeau nombreux viennent à contracter la même maladie et à périr, le vendeur qui, par sa position, devait connaître la nature de la maladie et les dangers auxquels s'exposait l'acheteur sera tenu d'indemniser ce dernier de toute la perte qu'il aura éprouvée. Les tribunaux, tout en ayant égard aux circonstances. doivent se montrer d'autant plus sévères que la mauvaise foi du vendeur leur sera mieux démontrée.

8. Le vendeur est responsable de tous les vices indiqués dans l'article 1er de la loi du 1838, lors même qu'il n'en aurait pas la connaissance parce que le dommage éprouvé par l'acheteur est toujours le même, qu'il provienne de l'ignorance ou de la fraude du vendeur. Il n'est dispensé de cette garantie que dans le cas où il aurait fait de cette dispense une condition expresse de la vente. Si la valeur de l'objet vendu excédait 150 francs, le vendeur ne serait pas admis à prouver par témoins l'existence de cette condition.

9. Le cornage accidentel ne saurait constituer un vice rédhibitoire, parce qu'il peut être le résultat d'un effort ou de toute autre circonstance tendant à gêner momentanément la respiration ; il disparaît alors avec la cause qui la produit. Il n'en est pas de même, lorsqu'il est passé à l'état chronique, parce què, alors, il dénote une mauvaise disposition des organes, et que,

aux désagréments du bruit se joint le danger de la suffocation. Pour qu'il y ait lieu à l'action rédhibitoire, il faut donc justifier tout d'abord de cet état chronique du cornage.

10. Pour exercer l'action rédhibitoire, lorsqu'il s'agit de la boiterie, il faut le concours de deux circonstances : 1° que la boiterie soit intermittente, c'est-à-dire, qu'elle se reproduise à des intervalles plus ou moins rapprochés sans être continue ; 2° qu'elle soit la suite d'un vieux mal. La boiterie, qui ne réunirait pas ces deux conditions ne pourrait être considérée comme vice rédhibitoire.

11. L'action rédhibitoire est interdite à l'acheteur, non-seulement pour n'avoir pas pris le soin de faire marquer par le vendeur les moutons, de telle sorte que l'identité ne puisse être contestée, mais encore il sera non-recevable dans son action, si le vendeur prouve que les animaux vendus ont été, depuis la livraison, mis en contact avec d'autres atteints de la maladie qui donne ouverture à l'action rédhibitoire.

12. L'action rédhibitoire, dans le cas de sang de rate, peut avoir lieu pour la totalité du troupeau, mais il faut que le nombre des moutons qui ont succombé aux suites de cette affection, représente au moins le quinzième des animaux achetés. Dans la cla.

velée, au contraire, la quantité n'est pas déterminée. La raison de cette différence se trouve dans la nature même des deux maladies. La clavelée est éminemment contagieuse, tandis que rien ne prouve jusqu'à présent que le sang de rate ait le même caractère.

13. La clause par laquelle le vendeur d'un cheval a garanti qu'il n'était pas boiteux, constitue, de la part de ce vendeur, une garantie générale qui comprend non-seulement le cas de boiterie intermittente prévu par l'art. 1er de la loi du 20 mai 1838, mais toute espèce de boiterie.

14. Les maladies contagieuses auxquelles la loi n'attribue pas le caractère de vices rédhibitoires, ne donnant pas à l'acheteur de bestiaux qui en sont atteints le droit résoudre la vente, ne lui confèrent pas, par suite, celui d'intenter une action en dommages-intérêts contre le vendeur, alors d'ailleurs qu'il n'est point établi que des manœuvres frauduleuses aient été employées par ce dernier.

15. Pour qu'une chose puisse donner lieu à l'action rédhibitoire, il n'est pas nécessaire qu'elle ait fait l'objet unique ou principal de la vente. Il suffirait qu'elle eût été, spécialement et à titre d'accessoire, comprise dans le marché. Si, par exemple, j'achète un domaine avec un nombre déterminé de bestiaux,

je pourrai exercer un recours contre le vendeur, à raison de ceux de ces bestiaux qui se trouveraient atteints d'un vice rédhibitoire et le contraindre à m'en rembourser la valeur. Il en serait de même pour le domaine avec les bestiaux qui le garnissaient, sans aucune autre indication.

Pothier, auquel nous empruntons cette décision, se pose également (traité de la vente n° 226) la question de savoir si le vice rédhibitoire de l'une ou de plusieurs choses comprises dans un marché donnerait lieu à la résolution pour le tout ou seulement pour cette chose.

Il la résout de la manière suivante :

Si la chose qui a le vice rédhibitoire a été seule l'objet principal de la vente, et que les autres n'aient été vendues que comme accessoires, la rédhibition de la chose principale entraînera celle de toutes les choses accessoires. Par exemple, si un cheval a été vendu avec tout son équipage la rédhibition du cheval entraîne celle de l'équipage; le vendeur peut être forcé à reprendre le tout, et *vice-versâ* l'acheteur ne peut pas exercer l'action rédhibitoire pour le cheval; au contraire, si la chose principale n'était pas dans le cas de redhibition mais seulement quelqu'une des choses accessoires: comme si on avait vendu une métairie avec les choses qui y étaient, et qu'un des chevaux qui y étaient eût un vice rédhibitoire, la rédhibition n'aurait lieu que pour ce cheval et l'acheteur, en offrant de le rendre, obtiendrait la restitution du prix de ce cheval; — si les choses sont également principales, il faut examiner si elles ont été vendues comme faisant ensemble un tout, et comme étant telles que l'une n'aurait pas été vendue sans l'autre, comme lorsqu'on a vendu deux chevaux de carrosse une couple de bœufs, etc., en ce cas le vice rédhibitoire de l'une de ces choses donne lieu à la rédhibition de tout ce qui a été vendu, l'action rédhibitoire ne pouvant en ce cas s'exercer pour partie. Mais si les choses qui ont été vendues étaient indépendantes les unes des autres l'action rédhibitoire n'aura lieu que pour celle qui a un vice, quand même toutes auraient été vendues pour un même prix; car, encore que cette circonstance jointe à d'autres fasse présumer que les choses n'auraient pas été vendues l'une sans l'autre, elle n'est pas moins seule décisive. C'est pourquoi l'action rédhibitoire pourra avoir lieu pour cette seule chose, et le vendeur sera tenu de restituer le prix de cette chose suivant la restitution qui en sera faite sur le total du prix. Au contraire quoique la séparation du prix soit une forte présomption que les choses ont été vendues indépendamment les unes des autres, néanmoins cette circonstance n'est pas toujours décisive, et la présomption qui en résulte doit céder à une plus forte, qui résulte de la qualité des choses vendues, comme dans le cas ci-dessus rapporté de la vente d'un attelage de chevaux pareils, quand la vente aurait été faite, pour tel prix pour chaque cheval, l'action rédhibitoire ne pourra avoir lieu que pour le tout.

DE L'EXPERTISE

16. Le vice invoqué à l'appui d'une action en rédhibition doit, en matière de vente ou échange d'animaux domestiques, être constaté par un procès-verbal d'experts; le demandeur est tenu, à peine de non recevabilité, de provoquer la nomination des experts dans le délai de l'action rédhibitoire, et de présenter à cet effet une requête au juge du lieu où se trouve l'animal; ce juge nomme immédiatement un ou trois experts,lesquels experts suivant l'exigence des cas doivent opérer dans le plus bref délai.

17. Les juges peuvent exiger que l'expert entre dans l'exposition la plus complète des éléments sur lesquels il fonde son appréciation; de plus, ils ne sont pas liés par cette appréciation, et, toutes les fois qu'ils trouveront dans les termes du rapport et dans les autres renseignements puisés au procès des raisons suffisantes de douter, ils se prononceront pour la solution qui fait produire au contrat ses effets. Dalloz).)

18. Il est de la plus grande urgence de procéder à l'expertise, en matière de vices rédhibitoires : En effet, il ne faut pas seulement que l'existence du vice soit établie, il faut encore qu'il soit constaté que le vice s'est révélé pendant le délai de la garantie. La loi a donc tout disposé pour que l'expertise pût commencer, autant que possible dans ce délai. Ainsi c'est au juge de paix du lieu où se trouve l'animal que l'article 5 donne mission de désigner les experts.

19. La requête à fin de nomination d'experts peut être adressée verbalement au juge de paix ; il suffit que ce magistrat la constate en tête de son ordonnance. (Dejean).

20. L'acheteur dans sa requête, dit M. Dejean, indique le vice rédhibitoire qu'il suppose exister. Cette précaution est utile par ce qu'elle peut amener le juge de paix à démontrer au requérant s'il y a lieu, que sa demande intervient en dehors des cas indiqués par la loi et court le risque de ne pas aboutir. Mais ce magistrat cependant n'est pas juge de la réquisition et ne peut se refuser d'y faire droit.

21. En l'absence de toute stipulation contraire, l'expertise destinée à constater l'existence du vice rédhibitoire, doit nécessairement se faire au lieu où se trouve l'animal, mais il ne faut pas perdre de vue qu'il

appartient au vendeur de modifier cet état de choses, qui lui est souvent préjudiciable lorsqu'il juge utile de le faire. Ainsi rien ne s'oppose qu'il stipule avec l'acheteur que, dans le cas de contestation, l'expertise sera faite dans le lieu qu'il trouvera le plus convenable d'indiquer; il peut même vendre sans aucune garantie. (Dalloz).

22. Les formalités prescrites par le code de proc. civ. en matière d'expertise doivent être observées dans le cas où les experts sont nommés en exécution de l'article 5 de la loi du 20 mai 1838 sur les vices rédhibitoires.

En conséquence, si ces experts n'ont pas préalablement à l'expertise, prêté serment, leur procès-verbal doit être déclaré nul. — Code proc. article 305 et 315. — Toutefois la nullité du procès-verbal pour défaut de serment ne met point obstacle à ce que de nouveaux experts soient nommés, lors surtout que la nomination des premiers a eu lieu et que l'action a été intentée dans les délais prescrits par les articles 3 et 5 de la loi de 1838. — d'où il suit que cette nullité ne peut avoir pour résultat de faire déclarer l'action rédhibitoire non recevable.

23. Cependant des parties en cause peuvent consentir à ce que l'expert soit dispensé du serment; mais

alors le procès-verbal n'a de valeur qu'entre elles, et il a été décidé avec raison qu'un précédent vendeur appelé à l'instance par la voie d'une action récursoire et n'ayant pas été mis en demeure d'assister à l'expertise, est fondé à opposer la nullité tirée de ce que le rapport émane d'un expert qui a procédé sans avoir prêté serment. (Trib. civ. de la seine 21 février 1860).

24. L'expertise ordonnée en matière de vices rédhibitoires n'est qu'une formalité conservatoire réclamée par le vendeur en vue d'une action qui, le plus souvent, ne sera intentée que postérieurement à la nomination de l'expert; de là il résulte qu'il n'y a pas nécessité de mettre le vendeur en demeure d'assister à la vérification, même quand il réside sur les lieux, quoiqu'il soit dans ce cas convenable de lui fournir le moyen de présenter ses observations à l'expert. (Bioche).

25. L'expert fait taxer ses honoraires par le juge de paix qui le nomme.

26. Le vendeur pourra non-seulement se prévaloir des nullités de forme dont l'expertise serait entachée, mais encore il pourra contredire au fond les conclusions de l'expert, soit en réclamant une contre expertise, soit en leur opposant tous les arguments propres

à en ébranler l'autorité. Le juge appréciera souverainement.

EXERCICE DE L'ACTION RÉDHIBITOIRE

27. L'action rédhibitoire est de la compétence de juridiction commerciale, toutes les fois qu'elle a pour objet des choses vendues entre marchands. Elle peut encore être portée devant cette juridiction lorsque le ontrat a un caractère mixte, c'est-à-dire commercial pour la patrie actionnée en rédhibition et civil pour l'autre. Mais il ne faut pas oublier que si l'exercice de l'action rédhibitoire dont la juridiction commerciale est saisie, amène un recours en garantie par le défenseur contre le précédent vendeur, cette juridiction ne peut connaître du recours qu'autant que l'appelé en garantie est également une partie commerçante, et nullement lorsque celui-ci avait vendu comme propriétaire sans faire acte de commerce. (Paris, 7 mars 1837).

28. L'action rédhibitoire doit être portée devant le juge de paix, lorsque le prix de la vente ne dépasse pas 200 francs et qu'il n'y a pas eu acte de commerce, c'est-à-dire qu'aucune des parties n'a eu l'intention d'acheter pour revendre.

Le juge de paix compétent est celui du domicile du défenseur.

Lorsque la demande est de la compétence du tribunal civil, c'est-à-dire lorsqu'elle dépasse 200 francs et qu'elle n'a pas de caractère commercial, elle est dispensée du préliminaire de conciliation. (Loi du 20 Mai 1838, art. 6).

29. Il a été jugé que le vendeur marchand de chevaux est à bon droit actionné en rédhibition devant le tribunal de commerce, bien que l'acheteur ne soit pas commerçant et ait fait l'acquisition pour son usage personnel.

30. Il a encore été jugé qu'un cultivateur ne peut être actionné devant la juridiction commerciale en résolution d'une vente de cheval, alors même qu'il a l'habitude d'acheter des poulains pour les élèver et les dresser, ce fait n'ayant pas un caractère commercial. (Paris le 23 Aout 1862).

31. Lorsqu'un Tribunal reconnaissant en fait qu'un cheval *est* atteint d'une *maladie chronique de la poitrine*, accorde à l'acheteur l'action en garantie pour vice rédhibitoire, en se fondant sur ce que l'expression *maladie chronique de la poitrine*, est synonyme des mots *maladie ancienne de poitrine* ou vieille courbature, qui sont les termes de la loi, une pareille décision échappe

à la censure de la cour de cassation (Cass. 20 novembre 1842).

32. L'exploit introductif d'instance contient un énoncé suffisant de l'objet de la demande, lorsqu'il indique que la demande de résolution de la vente est fondée sur ce que l'animal est *atteint* de *vices rédhibitoires;* il n'est pas exigé que le vice imputé à l'animal soit nominativement désigné. (Cassation 11 novembre 1846).

33. L'action en réduction de prix autorisée par l'article 1644 du code Napoléon, ne peut être exercée dans les ventes et échanges d'animaux domestiques; cette disposition a été interdite par la loi du 20 mai 1838. Mais les parties, si elles faisaient une convention de garantie, pourraient stipuler que la révélation de vices, dans un certain délai, ne donnerait lieu qu'à la restitution d'une partie du prix.

34. Il arrive très-fréquemment que, pour éviter les frais d'une procédure, le vendeur, dès qu'il a connaissance des conclusions du procès-verbal d'experts, transige et consent à une réduction de prix. Une transaction de cette nature pourrait être imposée par des amiables compositeurs s'il avait été convenu entre les parties que le différend serait réglé par la voix de l'arbitrage, ainsi que le conseille M. Dejean.

35. Le vendeur doit les frais de maladie de l'animal, s'il lui a été donné des soins en dehors de l'expertise. L'acheteur doit restituer les accessoires; par exemple, rendre l'animal avec son équipage, s'il l'a acheté ainsi; il doit restituer ce qu'il reste du cheval en cas de perte, les harnais, le produit de l'écarrissage, le cuir. Sauf le cas où, conformément aux prescriptions des réglements, il a fallu enfouir l'animal. Quant aux frais de nourriture, ils se compensent avec les services que l'acheteur a tirés de l'animal, lorsque le vice n'en a pas empêché l'emploi.

36. D'après l'article 8 de la loi du 20 mai 1838, le vendeur est dispensé de la garantie résultant de la morve et du farcin pour le cheval, l'âne et le mulet, et de la clavelée pour l'espèce ovine, s'il prouve que l'animal, depuis la livraison, a été mis en contact avec des animaux atteints de ces maladies. Le vendeur, pour être admis à invoquer cette déchéance, n'a rien autre chose à prouver que le fait du *contact*, cause possible de contagion; il n'a pas à établir que ce contact a déterminé la maladie. Le mot contact doit être interprété ici *lato sensu*. Cela est vrai surtout pour ce qui concerne la clavelée, car le passage d'un troupeau par les lieux où a précédemment séjourné un troupeau affecté de la maladie suffit, suivant les plus récentes indications de la science, pour produire la communication de celle-ci. (Dalloz).

DU DÉLAI DANS LEQUEL L'ACTION DOIT ÊTRE EXERCÉE

37. Le délai de trente jours a été accordé par la loi de 1838 à partir du jour de la livraison, pour intenter l'action rédhibitoire dans le cas de fluxion périodique des yeux et d'apoplexie dont les symptômes apparaissent ordinairement à des époques périodiques, et que l'on attribue vulgairement à l'influence de la pression de la lune sur notre atmosphère. Tous les autres cas spécifiés dans la loi de 1838, et pour tous les animaux y dénommés, ne donnent ouverture à l'action rédhibitoire que pendant neuf jours, à dater de la livraison. Ce délai a paru suffisant au législateur afin de concilier tous les intérêts: ceux du vendeur, en ne faisant pas peser sur lui une garantie trop prolongée; ceux de l'acheteur, en lui accordant le temps nécessaire pour reconnaître si les animaux achetés par lui sont ou non atteints de l'un des vices réputés rédhibitoires.

38. Le délai pour la constatation des vices doit rester et reste toujours le même, quelles que soient les

distances; mais comment veut on que le délai pour la citation ne varie pas en raison des distances? Ce délai est augmenté d'un jour par cinq myriamètres de distance du domicile du vendeur au lieu où l'animal se trouve. Ainsi un cheval acheté à Lyon le 25 juillet est conduit par l'acheteur à Paris. Le 24 août l'acheteur reconnaît l'existence d'un des vices rédhibitoires qui emportent trente jours: le délai pour la citation sera augmenté d'un jour par cinq myriamètres de distance du domicile de l'acheteur qui est à Paris, au domicile du vendeur qui est à Lyon; si cette augmentation est de 20 jours, ces 20 jours seront ajoutés au délai de garantie.

39. Avant la loi du 20 mai 1838, les tribunaux avaient jugé qu'il suffisait que l'expertise eût été provoquée dans le délai de garantie, alors surtout que le vendeur avait été mis en demeure d'y assister. En conséquence l'acheteur était en règle lorsque dans le bref délai fixé par la loi pour l'exercice de l'action rédhibitoire, il avait fait constater par expert le vice dont l'animal vendu était atteint, et en avait prévenu le vendeur; qu'il n'était pas nécessaire, alors que l'usage local ne s'en expliquait pas, que la citation en justice eût été donnée dans ce même délai.

40. Depuis la loi de 1838 quelques auteurs ont émis l'avis et plusieurs auteurs ont décidé que l'action

rédhibitoire était valablement formée lorsqu'elle était fondée sur le résultat d'une expertise obtenue dans le délai de garantie, bien que la citation n'ait été donnée qu'après l'expiration de ce délai.

41. Mais la cour suprême, par une suite d'arrêts de cassation dont l'ensemble nous paraît constituer une autorité décisive, s'est prononcée invariablement pour la solution qui impose à l'acheteur la nécessité de former, dans le délai de la loi, tout à la fois, la demande en nomination d'experts devant le juge de paix du lieu où se trouve l'animal, et la demande en résolution de la vente devant le tribunal compétent; et c'est ainsi, en effet, que la loi paraît avoir été entendue par ceux qui l'ont rédigée. Cette cour a jugé: 1° que l'article 5, qui veut que, dans tous les cas, l'acheteur, à peine d'être non-recevable, soit tenu de provoquer dans les délais de l'article 3, la nomination d'experts chargés de dresser procès-verbal, n'a rien d'inconciliable avec cet article 3, et que l'acheteur doit, par suite, intenter également l'action rédhibitoire dans le délai fixé; qu'il ne suffit donc pas que la nomination des experts chargés de visiter les animaux atteints de vices rédhibitoires, ait été provoquée dans le délai déterminé pour la formation de l'action rédhibitoire; qu'il faut en outre, et à peine de déchéance, que cette action ait été introduite dans le même délai; 3° que l'action rédhibitoire formée après les délais établis par la loi

du 20 mai 1838, est non-recevable dans le cas même ou la nomination des experts chargés de constater le vice aurait été provoquée dans ces délais; 4° que la demande en résolution et celle en nomination d'un expert, devant être formées toutes deux dans le même délai, l'une ne peut suppléer à l'autre; 5° que l'action rédhibitoire formée en matière de vente d'animaux domestiques, en dehors du délai légal, est non-recevable, alors même que l'expertise aurait été provoquée, ordonnée et même terminée avant l'expiration de ce délai. (Dalloz).

2. Qu'arriverait-il si l'action ayant été intentée en temps utile, l'animal venait à périr avant d'avoir été examiné et sans que l'examen puisse être fait sur le cadavre? Dans cette hypothèse, suivant M. Duranton, il faudrait déclarer la demande recevable, car, en vertu du principe que l'effet des jugements remonte au jour de la demande, la rédhibition prononcée serait réputée antérieure à la perte. Cette solution, suivant Dalloz, paraît difficile à admettre dans la pratique, du moins dans le cas où la chose aurait péri avant toute vérification. Sans doute, la réclamation de l'acheteur ne pourrait plus ici être tenue pour suspecte; mais l'obstacle de force majeure s'opposant à ce que le juge se procure une preuve certaine, régulièrement contredite par le vendeur, n'en subsisterait pas moins.

43. L'acheteur, avons-nous dit, est tenu de provoquer dans le délai légal la nomination des experts. Il lui suffit donc de justifier qu'il a, dans ce délai, fût-ce même le dernier jour, demandé la nomination des experts : il ne pouvait être question de lui imposer cette autre condition que le procès-verbal serait dressé avant l'expiration du délai, car c'eût été le rendre responsable de retards qui seraient le fait d'autrui. D'ailleurs la loi dit que les experts opéreront dans le *plus bref délai*, ce qui suppose un nouveau délai dont la durée n'a pas été précisée et ne pouvait pas l'être. Il a été décidé, en ce sens, qu'on ne peut tirer une fin de non-recevoir de cette circonstance que le procès-verbal aurait été dressé en dehors du délai de garantie, si l'expert a été nommé avant l'expiration du délai. Si la célérité est désirable en cette matière, il ne faut pas cependant l'obtenir au détriment de l'exactitude des conclusions de l'expertise, laquelle peut-être ajournée à quelques jours afin que l'expert puisse prononcer d'après des données plus certaines.

44. L'expert, en affirmant l'existence du vice, doit établir en même temps que ce vice a commencé à se manifester dans le délai de garantie.

45. Il a été jugé que la déchéance prononcée par l'article 5 de la loi du 20 mai 1838, contre l'acheteur qui n'a pas, dans les délais de l'article 3, provoqué la

nomination des experts, ne saurait être étendue au cas où, après annulation d'une expertise qui avait été provoquée dans le délai légal, il aurait été procédé en dehors dudit délai, à une nouvelle expertise. (Rouen, 24 août 1842).

46. Il va sans dire que, dans le cas de refus ou d'empêchement de l'expert désigné par le juge de paix, la nouvelle nomination demandée et effectuée en dehors du délai ne peut, s'il n'y a eu aucune négligence, être réputée tardive: elle est, en effet, la suite régulière d'une démarche commencée dans le délai. La loi n'est d'ailleurs précise que relativement à l'obligation de provoquer la nomination de l'expert, et non relativement à cette nomination elle-même. (Dejean).

47. Ce qui a été décidé à l'égard de l'expertise devait être également décidé touchant l'assignation. — Il a été jugé que la citation donnée dans le délai de la garantie sauvegarde l'action rédhibitoire, même dans le cas où le defendeur a été appelé devant un tribunal incompétent, et que la nouvelle demande formée en dehors du délai devant le juge compétent, après désistement régulier et en remplacement de la première, ne peut-être déclarée tardive. (Rouen, 27 mars 1858).

48. Il a été jugé que l'acheteur auquel on op-

pose la non-recevabilité résultant de ce que la citation a été donnée en dehors du délai de garantie, ne peut se faire relever de la déchéance par lui encourue, en se fondant sur ce que, avant l'expiration du délai, il avait donné mandat d'intenter l'action à un tiers qui, chargé à son insu de la défense du vendeur, ne lui avait fait connaître cette circonstance, en refusant d'accepter le mandat, que lorsque déjà le délai légal était expiré, s'il n'est pas constaté qu'il y ait eu, à cet égard, concert frauduleux entre le vendeur et ce tiers. (Cassation 10 Décembre 1855 Dalloz, N° 287).

49. La loi ne distinguant pas entre l'action principale et l'action récursoire; l'une comme l'autre doivent être intentées dans le délai de la garantie, en conséquence il a été jugé avant la loi de 1838, et il doit être jugé à *fortiori* sous l'empire de cette loi, que l'action récursoire exercée contre un précédent vendeur après le délai pendant lequel celui-ci était tenu à garantie, doit être déclarée tardive; bien que la constatation du vice ait été faite dans ce délai et que le vendeur immédiat ait été également, dans ce délai, actionné en rédhibition. (Cassation 18 mars et 19 mars 1833. Dalloz, V. R. N° 288).

50. Avant la loi de 1838, on décidait généralement que le délai pour intenter l'action rédhibitoire devait courir du jour de la vente. Mais cette solution avait

de graves inconvénients; elle donnait tout intérêt au vendeur de retarder la livraison pour soustraire à l'acquéreur pendant le délai de garantie la connaissance du vice, et éluder ainsi *l'action rédhibitoire*; elle favorisait la fraude et supprimait à peu près la garantie. La loi de 1838, répudiant le système, a fait courir le délai du jour fixé pour la livraison et non compris ce jour. (Dalloz, V. R. N° 280).

51. Le délai de la garantie doit partir, non pas du jour où la tradition a été faite, mais du jour où la livraison a dû avoir lieu. Si l'acquéreur néglige de prendre livraison, il ne faut pas que le vendeur en souffre.

52. D'après la règle générale, la livraison doit être effectuée au lieu où la vente a été conclue, et c'est à l'acheteur à pourvoir à l'enlèvement de la chose, c'est en se plaçant à ce point de vue que la loi de 1838 a fait courir le délai à partir du jour fixé pour la livraison, quoique l'acheteur ait négligé de prendre livraison ce jour-là. Mais il peut arriver que la convention ait imposé au vendeur, ainsi que cela a lieu fréquemment pour les achats en foire, l'obligation de conduire au domicile de l'acheteur l'animal vendu : dans ce cas, le délai de la garantie ne peut courir évidemment que du jour de la livraison effective, alors même qu'un jour aurait été fixé pour la livraison de l'animal; car,

s'il y a retard dans la livraison, ce n'est plus ici par le fait de l'acheteur, mais par celui du vendeur, et il est juste que ce dernier en supporte la responsabilité (Rapport de M. Lherbette).

53. Que décider si la vente a été faite sans fixation d'un jour pour la livraison? Suivant MM. Galisset et Mignon, le vendeur doit, en pareil cas, s'il veut faire courir les délais de la garantie, mettre l'acheteur en demeure de retirer l'animal vendu; M. Duvergier estime, au contraire, que le délai de la garantie court forcément, pour cette hypothèse, du jour de la vente, l'acheteur ayant, à partir de ce moment, la faculté de prendre livraison. Il nous semble, dit M. Dalloz, que cette seconde solution est plus juridique : c'est par le fait de l'acheteur, c'est-à-dire parce que, n'ayant pas payé le prix, il n'est pas en mesure d'exiger la remise de l'animal, que le plus souvent la prise de possession se trouve retardée : le vendeur ne peut avoir à souffrir de ce retard. La disposition de l'article 3 est exorbitante du droit commun; son application doit donc être limitée au cas qu'elle prévoit. De même que le vendeur peut accorder un délai pour le payement, de même il peut consentir à prolonger la garantie en accordant un délai pour la prise de livraison. Si aucune stipulation n'a été faite, il faut décider qu'il ne peut dépendre de l'acheteur de prolonger indéfiniment la garantie, et qu'étant devenu propriétaire, il

est, à partir même du moment de l'acquisition, en demeure de payer le prix et de retirer l'animal vendu. — Il va sans dire qu'en consentant à un retard pour la livraison, le vendeur peut stipuler que le délai de la garantie n'en courra pas moins. De même l'acheteur, en déclarant qu'il achète à l'essai, peut de la sorte ne faire courir le délai de la garantie qu'à partir du jour où il garde définitivement l'animal. (Dalloz, V. R., n° 290.)

54. En ce qui concerne la supputation du délai, l'article 3 de la loi du 20 mai 1838 énonce formellement qu'il ne faut pas y comprendre le jour fixé pour la livraison, ou, pour employer une désignation plus précise, le jour, quel qu'il soit, à raison des circonstances, après lequel le délai doit courir. Il a été jugé en conséquence : 1° Que le délai accordé pour l'exercice de l'action rédhibitoire est franc, en sorte que l'action est utilement introduite le lendemain du dernier jour de ce délai; — 2° Que le délai dans lequel doit être exercée l'action rédhibitoire est franc et entier, ou, en d'autres termes, se calcule sans y comprendre ni le jour du point de départ de ce délai ni le jour de son échéance; que, par suite, lorsque la livraison a eu lieu le 28 août, ce délai ne commence à courir que du lendemain 29; et, s'il est de dix jours, à raison de la distance entre le domicile du vendeur et le lieu oú l'animal se trouve, l'action peut encore être

intentée le lendemain de son expiration, c'est-à-dire le 8 septembre; — 3° Que de même, dans une espèce où la livraison a été effectuée le 24 décembre et où, en raison de la distance, l'acheteur a droit à un délai de dix jours, son action est valablement intentée le 4 janvier; — 4° Qu'ainsi encore cette action, lorsqu'elle doit être intentée dans les dix jours de la vente, est utilement formée si la vente a eu lieu le 8, le lendemain de l'échéance du délai, c'est-à-dire le 19 du même mois. (Dalloz, V. R., n° 291.)

55. Dans le cas où l'expiration du délai, tel qu'il est calculé par cette jurisprudence, tombe un jour férié, l'acheteur peut-il utilement donner la citation le lendemain? MM. Galisset et Mignon, se prononçaient négativement; telle est, en effet, la solution qui a prévalu dans un grand nombre de cas analogues; mais, aujourd'hui, le délai est de plein droit prorogé au lendemain (art. 103, C. pr. civ., modifié par la loi du 3 mai 1862). (Dalloz, V. R., n° 292.)

56. Si des obstacles ont été apportés à l'examen de l'acheteur, ou si des manœuvres ont été employées pour rendre momentanément cachés des vices qui sont apparents de leur nature, l'action en résolution de la vente échappe au délai de la garantie des vices rédhibitoires, le vendeur de mauvaise foi pourra être actionné en résolution de la vente, comme responsable,

non plus, si l'on veut, du vice en lui-même, mais de sa fraude. L'acheteur, dans ce cas, se fonde sur ce que, pour lui faire accepter un animal affecté de vices, le vendeur a usé de manœuvres frauduleuses, et, par exemple, de manœuvres qui ont eu pour effet de dissimuler l'existence des vices. La loi a été faite pour protéger la bonne foi et non pas pour assurer l'effet des ruses coupables des maquignons.

57. La loi du 20 mai 1838 sur les vices rédhibitoires, qui a limité le délai dans lequel l'acquéreur peut intenter l'action en résolution, ne met pas obstacle à ce que, même après le délai expiré, cet acquéreur intervienne comme partie civile devant la juridiction civile correctionnelle à l'effet d'y réclamer des dommages-intérêts, sur la poursuite dirigée contre son vendeur en vertu de l'article 459, C. pén., pour avoir sciemment en sa possession, sans avoir rempli les formalités légales, un cheval atteint de la morve.

58. L'acheteur pourra, s'il prouve que l'animal vendu était déjà, à la connaissance du vendeur, condamné par l'effet de la révélation de la maladie contagieuse à être abattu et enfoui, demander la résolution de la vente parce qu'on lui a vendu une chose hors du commerce, d'autant plus hors du commerce que la loi ne permet même pas de trafiquer de la dépouille de l'animal.

FORMULES.

Garantie conventionnelle, c'est-à-dire des défauts non spécifiés dans la loi de 1838.

Je soussigné, B..., marchand de chevaux, demeurant à...

Déclare, par ces présentes, garantir le cheval alezan... que j'ai vendu et livré aujourd'hui au sieur C..., cultivateur demeurant à..., de toutes tares osseuses de jarret.

Ou de toutes suites fâcheuses d'un accident dont il porte les marques à l'œil gauche.

Ou de la méchanceté, ou de toutes habitudes vicieuses à l'écurie (mordre, ruer, tic de l'ours), etc. etc.

Et m'engage à reprendre ledit cheval dans le délai de... si l'un des vices ci-dessus spécifiés se manifeste.

Ou si l'accident ci-dessus énoncé n'a pas disparu.

Ou si la maladie dont est question plus haut n'est pas entièrement guérie à l'expiration du délai désigné ; le tout sans préjudice de la garantie légale.

A... le... 18...

(Signature.)

Autre.

Je soussigné B... demeurant à...

Déclare que le cheval que j'ai vendu et livré aujourd'hui au sieur C..., demeurant à..., est âgé de... ainsi que je le lui ai affirmé, puisque telle a été entre nous la condition *sine qua non* de la convention,

Et m'oblige à le reprendre, si, par suite d'un examen qu'il pourra faire faire de l'animal, il est établi que le cheval dont il s'agit a plus que l'âge indiqué ci-dessus.

A... le... 18...

(Signature.)

Autre.

Je soussigné B..., demeurant à...

Déclare que le cheval que j'ai vendu et livré aujourd'hui au sieur C... a les pieds bien conformés, *ou* n'est point rétif. *ou* ne se refuse pas au travail, *ou* a très bonne vue.

Et m'oblige à le reprendre dans le cas où, par suite d'un examen scrupuleux il serait constaté que la tare, ou défaut que j'entends garantir existe et que l'animal en est affecté.

A... le... 18...

(Signature.)

Observations. — L'acheteur, ainsi que nous l'avons dit plus haut, n'a point à se préoccuper de la garantie légale, c'est-à-dire des vices ou défauts spécifiés en l'article 1er de la loi du 20 mai 1838, puisque pour ces vices il a la protection efficace de la loi. L'acheteur entend souvent le marchand faire grand cas du cheval qu'il met en vente, et dire sur tous les tons qu'il garantit l'animal de *toutes les maladies et de tous les vices et défauts rédhibitoires*. Encore une fois, par cette garantie, qu'il fait tant résonner, il ne fait que répéter celle à laquelle la loi de 1838 le soumet malgré lui.

Non garantie des vices rédhibitoires.

Les soussignés,

Antoine B..., cultivateur, demeurant à... d'une part...

Et Étienne C..., cultivateur, demeurant à..., d'autre part.

Sont convenus de ce qui suit :

Le sieur B... vend par le présent au sieur C..., qui accepte, un cheval sous poil blanc, âgé de... moyennant la somme de... qu'il a payée comptant.

Cette vente est faite sans aucune garantie même des vices réputés rédhibitoires par la loi du 20 mai 1838.

De son côté le sieur C... renonce à pouvoir, dans aucun cas, intenter contre son vendeur, aucune action rédhibitoire, pour quelque vice que ce soit, au sujet du cheval faisant l'objet de la vente.

A... le... 18...

(Signature.)

Observations. — Ce contrat est régulier; chacun a agi en connaissance de cause et dans le sens de son intérêt bien ou mal compris. Cette convention est rare; si elle a lieu quelquefois, c'est lorsque le vendeur a quelque intérêt à se soustraire aux éventualités; il peut n'être pas sûr du cheval dont il veut se défaire, et ne pas vouloir courir le risque de le voir rentrer dans son écurie. Il déclare alors qu'il le vend sans aucune garantie. L'acheteur, de son côté, s'il accepte cette proposition, soumet l'animal à un examen plus rigide, plus scrupuleux et obtient, le plus souvent, une forte réduction de prix.

Prorogation du délai de garantie.

Je soussigné, Jean-Baptiste B..., marchand de chevaux, demeurant à...

Déclare avoir vendu au sieur C..., cultivateur, demeurant à..., un cheval sous poil blanc âgé de... moyennant la somme de... que j'ai reçue comptant.

Et, voulant donner au sieur C... toute sécurité, pour le cas où ledit cheval serait atteint d'un des vices rédhibibitoires dénommés par la loi, je consens à proroger de dix jours le délai de garantie que la loi accorde à tout acheteur pour former l'action en nullité de la vente pour cause de vice rédhibitoire.

A... le... 18...

(Signature.)

Vente à l'essai.

Entre les soussignés :

M. A..., marchand de chevaux, demeurant à...

M. B..., cultivateur, demeurant à...

A été convenu ce qui suit :

M. A... vend à M. B..., qui l'accepte :

Un cheval sous poil blanc âgé de... moyennant la somme

de... que M. B... a à l'instant payée à M. A... qui le reconnait, *ou* que M. B... s'oblige à payer à M. A... le..., mais sous la condition ci-après :

Cette vente est faite à l'essai et sous la condition formelle que le sieur B... se servira du cheval, objet de la vente, pendant deux mois, à compter de ce jour, étant bien entendu que, si, pendant ce temps, il était reconnu que l'animal est atteint soit d'un des vices rédhibitoires prévus par la loi du 20 mai 1838, soit de tout autre vice (l'indiquer) non considéré comme vice rédhibitoire par la loi précitée, le sieur B... aura la liberté de rendre ledit cheval au sieur A... lequel lui restituera le prix ci-dessus indiqué, sans aucune indemnité par le motif que la nourriture que le sieur B... a donné audit cheval se trouvera compensée avec le travail qu'il en a obtenu.

Fait double à... le... 18...

(Signature.)

Vente d'un cheval avec délai pour le paiement.

Entre les soussignés,

M. A..., marchand de chevaux, demeurant à... d'une part.

M. B..., cultivateur, demeurant à..., d'autre part.

A été convenu ce qui suit :

Le sieur A... vend au sieur B... qui l'accepte,

Un cheval sous poil gris âgé de...

Moyennant la somme de... que le sieur B... s'oblige de payer à M. A... dans le délai de trois mois à partir de ce jour en sa demeure ci-devant indiquée, en espèces ayant cours et sans intérêts.

Ou bien, moyennant la somme de... que M. B... a payée à M. A... qui reconnait l'avoir reçue en deux billets à ordre souscrits par M. B... au profit de M. A... le premier de la somme de 300 fr. payable le... et le second de la somme de 200 francs payable le... En conséquence le paiement desdits billets à leurs échéances vaudra au sieur B... quittance définitive et sans réserve du prix du cheval présentement vendu.

Fait double à..., le.

(Signature.)

Échange d'animaux.

Les soussignés,

M. A..., marchand de chevaux, demeurant à...

Et M. B..., cultivateur, demeurant à...

Sont convenus de ce qui suit:

M. A... cède et délaisse, à titre d'échange avec garantie des vices rédhibitoires (si l'on convient de garantir un vice qui n'est pas réputé rédhibitoire par la loi il faut indiquer le vice qu'on entend garantir) à M. B... qui l'accepte,

Un cheval âgé de... taille de... sous poil..,

Et M. B... cède à M. A... qui l'accepte, sous la même garantie, à titre de contre-échange,

Un cheval âgé de... taille de... sous poil...

Cet échange est fait sans aucune soulte ni retour de part ni d'autre.

Ou bien cet échange est fait à la charge par le sieur B...

de payer au sieur A... à titre de retour la somme de... qu'il a payée comptant.

Fait double à... le...

(*Signature.*)

Obligation pour le prix d'un cheval.

Je soussigné Auguste A..., cultivateur, demeurant à...

Déclare devoir à M. B..., marchand de chevaux, demeurant à... la somme de 600 francs pour prix d'un cheval âgé de... sous poil gris, qu'il m'a vendu et livré ce jourd'hui mais sous la garantie formelle qu'il ne sera atteint d'aucun vice rédhibitoire (si l'on veut être garanti d'un vice qui n'est pas spécifié par la loi, il faut l'indiquer).

Laquelle somme je promets et m'oblige de payer, savoir 300 fr. le... et 300 fr. le... et sans intérêts.

A... le...

(*Signature.*)

Obligation solidaire entre le mari et la femme pour le prix d'un cheval.

Nous soussignés,

Alphonse A... et Rosalie B..., mon épouse, que j'autorise aux fins du présent,

Reconnaissons devoir à M. D... propriétaire demeurant à... la somme de 600 francs pour le prix d'un cheval, laquelle somme nous promettons, conjointement et solidairement de payer à M. D... le... sans intérêts.

A... le..,

Bon pour six cents francs.

(Signature du mari.)

Approuvé l'écriture et bon pour six cents francs.

(Signature de la femme.)

Billet à l'ordre pour le prix d'un cheval.

Au 13 mars prochain je paierai à M. B... ou à son ordre, la somme de six cents francs, valeur pour le prix d'un cheval qu'il m'a vendu et livré aujourd'hui.

A... le...

Bon pour six cents francs.

(Signature.)

Requête au juge de paix pour obtenir la nominatior d'un expert.

A M. le juge de paix de...

Le sieur B..., voiturier, demeurant à..., a l'honneur de vous exposer, monsieur le juge de paix, que le 15 mars 18... il a acheté de M. A..., marchand de chevaux, demeurant à..., un cheval sous poil gris, taille ordinaire, moyennant la somme de... que ce cheval est atteint d'un vice rédhibitoire. (Notamment de la pousse).

Pourquoi il requiert qu'il vous plaise, monsieur le juge de paix, nommer tel expert vétérinaire qu'il vous plaira commettre, à l'effet de procéder à la visite dudit cheval; constater les vices dont il est atteint, le tout en présence du vendeur ou lui dûment appelé, dont il dressera procès-verbal.

Et ce sera justice.

A... le...

(Signature.)

Procès-verbal d'expert.

Je soussigné D..., vétérinaire, demeurant à...

Nommé par ordonnance de M. le juge de paix de... en date du... à l'effet de procéder à la visite d'un cheval acheté du sieur A... par le sieur B... et que ce dernier prétend être atteint de la pousse,

Me suis transporté dans l'écurie du sieur B..., où j'ai fait la visite dudit cheval, lequel est sous poil gris, à tout crins, de la taille d'un mètre cinquante-neuf centimètres, ayant des traces de saignées à l'encolure.

(On fait mention des dires des parties. Si le vendeur a été sommé de comparaître à la visite, on l'indique. L'expert fait mention de sa comparution, ou donne défaut contre lui).

J'ai trouvé ledit cheval en bon état de santé et d'embonpoint, il mangeait l'avoine avec appetit, mais en repos et en mangeant tranquillement l'avoine il avait le mouvement du flancirrégulier et entrecoupé par ce contre-temps ou espèce de soubresaut qui constitue la pousse : pourquoi j'estimeque la bête est poussive, vice rédhibitoire prévu par l'article 1er de la loi du 20 mai 1838.

En foi de quoi, j'ai dressé le présent procès-verbal, pour servir et valoir ce que de droit.

Fait à... le...

(Signature.)

TROISIÈME PARTIE

HYGIÈNE DES ANIMAUX DOMESTIQUES.

TROISIÈME PARTIE

HYGIÈNE DES ANIMAUX DOMESTIQUES.

L'hygiène est l'étude des moyens de prévenir les maladies; son objet peut être défini ainsi : éviter les choses nuisibles et faire un bon usage des choses utiles.

ÉCURIE

C'est le nom que l'on donne habituellement à l'endroit destiné à loger un certain nombre de chevaux.

L'écurie doit, autant que possible, être isolée des autres bâtiments. Pour qu'elle soit saine et convenable, il faut que le sol en soit élevé ; il est urgent que les fenêtres s'ouvrent tout près du plafond, de manière à permettre d'établir un courant d'air au besoin, mais elles doivent être placées le plus haut possible La longueur d'une écurie doit être proportionnée au nombre d'animaux qui doivent y loger; la hauteur doit être calculée d'après la longueur, mais plus une éeurie est élevée, plus elle est saine ; il est bon qu'elle soit carrelée, et qu'il existe une pente pour favoríser l'écoulement des urines.

Le râtelier ne doit être ni trop élevé ni trop penché en avant, la mangeoire doit toujours être plutôt en bois dur qu'en bois tendre ; elle a besoin d'être large et suspendue de manière que les genoux des chevaux ne puissent se blesser le long des poteaux destinés à la soutenir. Le râtelier et la mangeoire doivent être placés sur des murs de refend ou cloisons, afin d'éviter l'humidité pernicieuse que les gros murs communiquent à la nourriture des animaux. Dans quelques écuries, les auges sont en pierre dure et compacte ; celles-ci sont infiniment préférables à celles en bois : d'abord, parce qu'elles ne sont pas susceptibles de contracter de l'odeur, ensuite, parce qu'elles peuvent être plus aisément nettoyées.

ÉTABLES

On nomme ainsi les habitations des bêtes à cornes. Les étables sont le plus souvent enfoncées. basses et étroites ; elles ont peu de fenêtres, et encore les voit-on presque toujours fermées. La plupart du temps, elles n'offrent même d'autre ouverture que la porte. Les murs en sont crevassés, les poutres entièrement vermoulues comme pour servir d'asiles aux insectes et de receptacle aux matières propres à faire naître l'infection. Les toiles d'araignées y abondent, et trois ou quatre fois par an on en extrait le fumier; une litière fort mince recouvre imparfaitement cette masse infecte dans laquelle s'enfoncent les animaux, et c'est dans cette fange qu'ils se couchent, quand il leur est permis de se coucher. Combien ne pourrait-on pas encore constater dans les campagnes de ridicules préjugés : il n'est pas rare de rencontrer des cultivateurs qui pensent que, pour se bien porter, les bêtes à cornes ont besoin d'être tenues, pendant l'hiver, très-chaudement et qu'elles n'ont rien à craindre du mauvais air; cependant ne sait-on pas qu'en Angleterre où la température est plus froide que dans la plupart des régions de la France, le gros bétail reste en plein air pendant toute l'année, et que néanmoins il jouit d'une santé parfaite? Et puis, comment peut-on penser que les animaux n'aient pas besoin, autant que l'homme, d'un air pur?

Donner à chaque animal la masse d'air nécessaire pour entretenir facilement la respiration, en favoriser le renouvellement, éviter l'humidité, telles sont les conditions premières à remplir pour la construction des étables, écuries et bergeries, et ces règles sont d'autant plus importantes, que, presque toujours, les maladies, dont on attribue les causes à la contagion, ne sont que le résultat de leur omission.

Le sol qui convient aux animaux est celui qui est formé d'un lit de cailloux ou de machefer, ou autres substances qui maintiennent la sécheresse, car l'humidité est toujours pernicieuse ; et le terrain sur lequel on veut construire les étables doit être plus élevé que les lieux environnants, afin que les urines puissent s'écouler au dehors et que les eaux ne soient pas stagnantes près des habitations des animaux.

Les fenêtres doivent être en nombre suffisant, mais toujours au-dessus de la tête des animaux. Il est d'usage de les percer sur les deux faces et en les faisant correspondre, afin d'établir des courants d'air assez forts pour assainir l'étable. Les briques sont préférables à tous autres matériaux dans la construction des étables.

Le fenil, autant que possible, ne sera pas au-dessus de l'étable, à moins que les plafonds ne soient recouverts de plâtre ou fermés de planches bien jointes, afin que les exhalaisons excrémentielles n'aillent pas imprégner les fourrages, ce qui les rendrait essentiellement malsains.

Il faut éviter que les racines et débris d'herbage séjournent dans les auges, afin que, par leur décomposition, elles ne donnent pas de mauvaise odeur. Il faut, en un mot, que la plus grande propreté soit scrupuleusement observée. Que la litière soit renouvelée tous les jours; que les étables soient débarrassées des insectes et des araignées; que l'air soit renouvelé par des ouvertures suffisantes.

Souvent le sol finit par se laisser pénétrer, à une grande profondeur, par les urines; alors il se pourrit, se décompose, et de là surgit une mortalité qui moissonne les animaux.

Lorsqu'on enlève les fumiers, on ne doit pas les déposer près des étables, bergeries ou écuries.

BERGERIE

C'est ainsi que l'on appelle le lieu où l'on renferme les bêtes à laine.

Pour qu'une bergerie soit bonne, il faut qu'elle ait une étendue et une hauteur suffisantes; qu'elle soit assise sur un terrain sec, et que l'air puisse y pénétrer et s'y renouveler facilement; que, quand on y entre, on n'éprouve ni froid ni chaleur, et qu'on ne sente aucune odeur d'excréments en putréfaction. Il vaudrait mieux qu'il y eût une bergerie particulière pour chaque classe d'animaux que de les recevoir tous dans un seul bâtiment. La masse d'air, altérée par la respiration d'un grand nombre de bêtes, se renouvelle plus difficilement. Le voisinage des mâles et des femelles nuit au repos de tous. On se sert d'auges ou de mangeoires pour y placer les grains et les provendes, et de râteliers pour y mettre les fourrages ; cependant beaucoup de cultivateurs placent la nourriture des troupeaux par terre, il en résulte cet inconvénient qu'une partie des aliments tombe sur la litière et est foulée par les pieds des animaux.

Le berger doit être mis à portée de veiller son troupeau pendant la nuit.

CONSIDÉRATIONS GÉNÉRALES

Les cultivateurs doivent faire une étude constante de l'hygiène; c'est par l'application de ces principes qu'ils éviteront les grandes mortalités.

L'habitation donnée aux animaux domestiques, la propreté, le renouvellement de l'air, le choix des aliments, leur distribution, le pansement, constituent l'hygiène des animaux.

Ainsi, l'habitation des animaux, qui ne remplit pas les règles dont nous avons parlé plus haut, peut devevenir la source d'une foule de maladies : ainsi la propreté, le renouvellement de l'air, la litière, les moyens de purifier l'air doivent fixer l'attention des cultivateurs et être scrupuleusement observés.

Le régime du troupeau est basé sur trois conditions : le choix des aliments, la meilleure forme à leur donner, et la quantité qu'il est nécessaire d'administrer.

Le choix des aliments n'est pas moins important : ainsi l'herbe fraîche est fort avantageuse, au printemps, aux chevaux qui sont tenus au sec le reste de l'année ; la paille, qui nourrit fort peu, ne convient pas aux chevaux qui travaillent beaucoup ; les bœufs, que l'on veut engraisser, doivent être mis d'abord aux raves ou autre nourriture relâchante, et ensuite à la farine d'orge ou autre aliment substantiel au plus haut degré. Les chevaux qui ne mangent que de l'herbe verte sont moins forts que ceux qui sont nourris de foin et d'avoine.

Le passage trop brusque d'un régime à un autre soit relativement à la nourriture, soit au travail, etc., est souvent suivi d'inconvénients qu'on évite, en habituant graduellement les animaux au changement qu'on exige d'eux.

Les bains employés avec discernement peuvent contribuer à la santé des animaux domestiques. Il faudrait que tous les quinze jours, au moins, les trois mois d'hiver exceptés, les chevaux, les ânes, les mulets, les bœufs, les vaches fussent conduits à la rivière ou à l'étang, et baignés pendant un temps plus ou moins long et proportionné à la chaleur de la saison, sans toutefois que ce temps excédât une demi-heure. Les bains ne sont nuisibles aux bestiaux que dans les cas où ils seraient échauffés par une course ou un travail forcé, et que l'eau dans laquelle on les conduit serait très-froide.

C'est pendant la plénitude des mères que les principes d'hygiène doivent surtout être observés ; leur application doit encore recevoir son exécution au moment et après la naissance des petits, les bêtes doivent être mieux nourries, traitées plus doucement, principalement dans les premières semaines.

Le cheval est celui des animaux domestiques qui réclame le plus de soins; on l'étrille, on le bouchonne, on le lave plus souvent que le bœuf et la vache. L'âne et le mulet devraient être traités comme le cheval.

Lorsque les animaux reviennent du travail ou des champs en moiteur, tout couverts de sueur et de poussière, il est bon de les laver, de les éponger avec de l'eau froide ou tiède, de leur frotter le col et la tête, de les bouchonner avec de la paille nattée grossièrement, pour les débarrasser de toutes les ordures, ne laisser sur leur corps aucune trace de boue, de fiente ou d'urine, leur laver les pieds, la tête, les crins, les oreilles et la bouche.

Quand un cheval est échauffé par suite d'une longue

course ou d'un fort travail, il est prudent de ne le faire boire qu'après qu'un repas plus ou moins long l'a mis dans son état ordinaire. La température est fort à con-désirer, car les dangers s'aggravent en raison qu'elle est plus froide, et que les animaux ont plus chaud ; d'après ce principe, il ne faut jamais faire boire les animaux, pendant l'été, aux fontaines ou aux ruisseaux qui en sortent; et il faut toujours tirer l'eau des puits plusieurs heures avant de la leur donner à boire.

On doit prendre les plus grands soins pour empêcher les animaux domestiques de boire des eaux altérées ou impures.

C'est un objet d'une haute importance pour tout cultivateur, d'employer de la manière la plus économique et la plus avantageuse, les produits végétaux destinés à la nourriture des bestiaux; il fera pour cet effet attention à la préparation la plus convenable, et à la nourriture la plus économique du bétail ; il aura soin de varier cette nourriture suivant les saisons et l'état des animaux, sous le rapport de l'âge et du degré d'engraissement, et suivant l'exercice auquel les animaux sont soumis.

Dans la première jeunesse des animaux, il est nécessaire à leur santé que les aliments aqueux et succulents soient en grande proportion dans leur nourriture; mais lorsqu'ils deviennent plus vigoureux, leur nourriture doit être plus grossière et moins nourrissante.

Pendant l'hiver, les nourritures sèches paraissent convenir davantage aux animaux, parce qu'alors la transpiration est moins grande qu'en été, saison qui exige des aliments frais.

Le soin principal des cultivateurs doit être de prévenir les maladies du bétail en évitant les causes qui les produisent; car les maladies qui attaquent les animaux domestiques ne sont pas toujours faciles à guérir.

La nourriture que l'on donne le plus souvent aux animaux, est le foin, la paille, le froment et l'avoine. Il y a encore beaucoup d'autres substances qut sont employées comme aliments, mais qui sont d'un usage moins fréquent.

LE FOIN est un des meilleurs aliments que l'on puisse donner à nos herbivores; il nourrit beaucoup plus que les plantes vertes dont il provient.

Le foin a toutes les qualités désirables lorsque les plantes conservent une couleur légèrement verte, ou au moins tirent sur celle de la feuille qui meurt; lorsque les tiges sont menues, simples, faciles à casser, et ont conservé leurs feuilles ou leurs fleurs; l'odeur doit être agréable et légèrement aromatique; la saveur douce, plus ou moins sucrée, ne laissant dans aucun cas une impression aigre et acerbe.

Pour être bon, il faut que le foin soit fauché lorsque la majeure partie des plantes sont en pleine floraison; avant cette époque, il a moins de saveur.

Le foin nouveau n'est bon qu'autant qu'il est renfermé quatre ou cinq mois dans les fenils; quand il n'a pas eu le temps de suer, il peut, en fermentant dans l'estomac, susciter de très-violentes maladies.

Si le foin est *vasé*, chaque tige est enveloppée d'une couche de matière terreuse; cette matière irrite les intestins; son emploi a presque toujours des suites funestes pour les animaux qui le mangent.

Le foin *rouillé* est aussi nuisible à la santé des bestiaux, qui, d'ailleurs, le recherchent peu; il est d'une difficile digestion, et ne convient en aucune façon aux animaux de travail.

LA PAILLE DE FROMENT est un assez bon aliment, lorsqu'elle est blanche, menue, fourrageuse, c'est-à-dire lorsqu'elle est associée à certaines plantes, telles que l'ivraie, les chiendents, les liserons, le mélilot, le trèfle des champs, la lupuline, la gesse tubéreuse, etc. Ces plantes poussent naturellement dans les champs cultivés, et conviennent parfaitement à tous les bestiaux. La paille est encore meilleure lorsque le froment a été semé avec une prairie artificielle composée de luzerne, trèfle ou sainfoin, et que le plant de cette prairie a pu garnir, dès la première année, le bas de la gerbe.

Il est encore d'autres plantes qui se trouvent souvent avec le blé, et qui, loin de valoir la paille, en diminuent la qualité; tels sont la moutarde des champs, les chardons, les bleuets, les pavots, l'hièble, les plantes désignées sous le nom vulgaire de grandes marguerites, les prèles, les gratterons, etc.

La paille hachée est avantageuse dans le cas de disette, ou lorsqu'on se trouve dans une position à ne pas avoir besoin du fumier : il faut alors avoir soin de la mélanger avec un peu d'avoine, et d'humecter le tout pour que l'animal, en soufflant dessus, n'écarte pas la plus grande partie de la paille hachée, qui est plus légère que l'avoine. Mais dans les campagnes où l'on a besoin d'une grande quantité de fumier, là où l'on donne aux bestiaux plus de paille qu'ils n'en peuvent consommer, il vaut mieux la leur donner entière.

La paille peut, comme le foin, être altérée par la rouille. Plusieurs maladies épizootiques paraissent avoir été occasionnées par l'usage des pailles rouillées. C'est donc un aliment dangereux.

L'AVOINE forme la principale nourriture des chevaux de travail; elle renferme une certaine quantité d'un principe résineux qui lui donne une propriété stimulante et réchauffante, qui n'est pas sans utilité dans les pays du Nord, et qui contribue à donner aux animaux qui la mangent, de la force et de la vigueur.

Quelle que soit la variété d'avoine présentée, on reconnaîtra qu'elle jouit de la propriété d'un bon aliment, si, abstraction faite de sa couleur qui n'indique rien, et du volume plus ou moins considérable de ses graines, elle est pesante à la main; si elle est coulante et s'échappe facilement des doigts, si son écorce est brillante et lustrée; si elle est sans odeur bien sensible; si son amande est blanche, sucrée, et laisse, en l'écrasant dans la bouche, une saveur agréable et farineuse; si elle est débarrassée de ses balles; si elle n'est pas mélangée de diverses graines, surtout de celles de la fausse moutarde, du raifort souvage, du peigne de Vénus, de l'ivraie, etc., ou de corps étrangers, terres, plâtras, cailloux, poussière, etc. Mais de toutes les circonstances que nous venons d'indiquer, c'est sur la pesanteur qu'on doit le plus insister; car, lorsqu'une avoine bien sèche sera en même temps bien pesante, ce sera une preuve qu'elle aura été bien récoltée, et que les marchands ne l'auront pas fait gonfler en l'arrosant d'eau chaude.

Beaucoup de cultivateurs font concasser grossièrement l'avoine avant de la donner aux animaux; ils attestent que cette méthode offre une remarquable économie, parce que plus d'un cinquième des grains d'avoine non concassés, est rendu dans les matières excrémentielles des animaux; qu'ainsi, n'ayant laissé aucun principe nutritif, ils ont été donnés aux bestiaux en pure perte.

LE SEIGLE est quelquefois employé comme aliment; il présente, sous ce rapport, plusieurs avantages qui doivent engager les fermiers à le cultiver. Il peut venir dans les terres sèches, arides, et qui ne peuvent donner d'autres plantes céréales: il résiste parfaitement au froid; enfin il est très-précoce, et peut fournir une excellente nourriture verte à une époque où, le fourrage commençant à devenir rare, on est dans la nécessité de diminuer la ration des bestiaux. Il sert, dans ce cas, de prairie momentanée, et peut être mangé par les vaches, et même par les moutons, si on a soin de le faucher lorsqu'il est encore tendre.

LE SON est rafraîchissant et d'une digestion facile, si on ne l'administre pas en trop grande quantité; il est d'un usage très commun; mais il est essentiel de s'assurer qu'il ne soit point vieux, ni n'ait aucune mauvaise odeur. On le présente aux animaux, sec ou mouillé. Le son seul, avec le fourrage, ne suffirait pas à l'entretien d'un animal qui travaille; c'est plutôt une sorte de diète à laquelle on le soumet quand sa santé est altérée.

L'ORGE est ordinairement employée en vert pour les chevaux surtout. On la donne à l'écurie pendant un mois ou six semaines, en ayant soin de la faucher avant qu'elle ait épié; car lorsque l'épi est sorti du fourreau, il devient trop nourrissant. Il faut que ce vert soit donné à l'animal poignée par poignée; car, si on en mettait trop devant lui, il pourrait s'en dégoûter. Comme cette nourriture est très-substantielle, les animaux qui la mangent deviennent souvent trop sanguins.

La paille de l'orge est dure et nourrissante; il n'en est pas de même du grain qui forme un excellent aliment. On peut utiliser ce grain et le donner en place de l'avoine dans quelques circonstances, et surtout pendant les chaleurs de l'été. Il est plus rafraîchissant que l'avoine.

La farine d'orge, employée pour faire de *l'eau blanche*, remplace avantageusement le son, parce qu'elle est plus nourrissante; elle forme un aliment rafraîchissant que l'on donne aux chevaux lorsqu'ils sont malades.

LA VESCE, FÈVE OU FÈVEROLE, forme un aliment très-nourrissant. On estime que les chevaux sont mieux nourris avec les trois quarts d'un boisseau de féverole qu'avec un boisseau d'avoine; mais cette nourriture doit être donnée avec précaution, parce qu'elle est très-échauffante. La féverole a l'inconvénient d'être dure et difficile à mâcher; on est souvent obligé de la concasser lorsqu'on la donne aux chevaux trop jeunes ou trop vieux. Réduite en farine et mélangée avec la boisson des vaches, elle forme pour ces animaux une excellente nourriture; réduite en pâte elle est employée avec succès pour l'engraissement des bœufs et des porcs.

LA LUZERNE forme une excellente nourriture pour les vaches laitières; elle fournit un fourrage vert très-précoce et très-tendre; mais lorsque les bestiaux la mangent en quantité considérable, et surtout quand elle est couverte de rosée, elle les fait gonfler. On évite cet inconvénient en la faisant consommer à l'étable, en ayant soin de la donner exempte d'humidité et par petites rations.

LE TRÈFLE DES PRÉS est une nourriture qui convient surtout aux femelles laitières; consommé en vert, il a peut être plus que la luzerne l'inconvénient de gonfler les bestiaux; il demande alors les mêmes précautions.

LE SAINFOIN fournit un vert moins aqueux que la luzerne et le trèfle; il ne gonfle pas les bestiaux; c'est pour cette raison qu'il peut être pâturé sur place. Le sainfoin vient bien dans les endroits secs; fauché et converti en foin, il constitue un aliment très-nourrissant qui convient parfaitement aux chevaux.

LES POMMES DE TERRE forment un excellent aliment, que l'on conserve principalement pour les besoins de l'hiver; elles conviennent beaucoup plus aux bœufs et aux vaches laitières, qu'aux chevaux et aux moutons. Les pommes de terre ne doivent pas, en règle générale, former plus de la moitié de la nourriture des animaux. On croit que lorsqu'on les administre aux vaches dans le but de favoriser la production du lait, il vaut mieux les employer crues que cuites; et que si elles sont données pour l'engraissement des bêtes à cornes, il est préférable de les donner cuites; que, dans le premier cas, dix à onze kilogrammes semblent être la ration journalière que l'on ne peut dépasser sans inconvénient, et que dans le second cas on peut porter la ration jusqu'à vingt ou vingt-cinq kilogrammes. On doit toujours donner aux bêtes un supplément de foin pour nourriture.

DU RÉGIME VERT

La plupart des animaux herbivores sont, pendant leur jeunesse, nourris presque exclusivement d'herbes vertes, qui leur conviennent alors beaucoup mieux que toute autre nourriture, parce qu'elles se broient et se digèrent facilement; mais quand ils ont acquis l'âge adulte, ce régime ne peut plus convenir aux animaux de travail, parce qu'il les relâche plus qu'il ne les fortifie. Dans l'espèce du cheval, ce n'est le plus souvent que comme remède que le vert est administré, et il est plus nuisible qu'utile à ceux qui sont habitués au sec, et qui conservent à un degré convenable leur embonpoint et leur santé. Cependant les chevaux dégoûtés, ceux qui maigrissent sans causes apparentes, ou chez lesquels le travail de la dentition se complète, réclament la nourriture verte; ce régime est également utile aux jeunes chevaux, lorsque de grandes fatigues, des aliments mal choisis, durs, grossiers, ont fait naître de l'irritation dans diverses parties.

On reconnaît son utilité, dans ces diverses circonstances : aux crottins secs et brûlés, aux urines rares, à la sécheresse de la peau, à son adhérence aux os, à la physionomie triste de l'animal, à la chaleur et à la sècheresse de la bouche, au peu de développement du ventre, et surtout au désir que le cheval manifeste pour la nourriture verte.

Quand le vert convient au cheval, sa peau s'assouplit et se couvre bientôt d'une poussière grasse ; le poil devient plus luisant, les urines coulent en abondance, la physionomie devient plus vive, plus gaie; il mange avec plus d'appétit; son ventre est souple, arrondi; sa fiente, d'abord liquide, devient plus consistante, etc. Quand, au contraire, le vert est administré à tort, le cheval reste faible, triste, son poil est hérissé; sa peau sèche et tendue; sa bouche pâle et flasque; ses urines sont claires, rares; son ventre est ballonné; il mange avec lenteur; sa fiente est liquide, souvent fétide, et on y distingue des brins d'herbe non altérés. Un cheval qui présente ces différents symptômes doit être remis à une nourriture sèche et choisie.

Le vert se donne ordinairement au printemps, à l'époque de la floraison des prairies; on ne peut établir de règle fixe sur la durée de ce régime ; on doit seulement en discontinuer l'emploi aussitôt qu'il a produit l'effet désiré.

On a proposé plusieurs méthodes pour faire prendre le vert aux animaux; ces méthodes peuvent se réduire à deux : ou bien le vert est pâturé, ou il est fauché et donné à l'écurie.

Il y a toujours économie de nourriture verte lorsqu'on le donne à l'écurie; rien ne se perd; toutes les plantes sont mangées indistinctement, surtout lorsqu'on a soin de distribuer le fourrage en petite quantité à la fois. Les chevaux qui paissent en liberté choisissent les plantes, dédaignent les plus grossières, qui bientôt envahissent la prairie, lorqu'on n'a pas soin de joindre aux chevaux qui pâturent, quelques bœufs ou vaches qui, moins délicats, mangent les herbes les plus grossières.

DES BOISSONS DES BESTIAUX

L'eau forme la base de la boisson de tous les animaux domestiques; on la mêle quelquefois avec des aliments; comme de la farine, des racines cuites, etc.; elle peut être donnée tiède : le plus souvent elle est à peu près à la température ordinaire.

L'eau la meilleure pour abreuver les bestiaux est celle qui est claire, limpide, sans odeur comme sans goût; qui contient de l'air, qui dissout le savon et cuit bien les légumes. Les eaux de beaucoup de sources et de puits ont rarement ces qualités; celles qui coulent dans les rivières profondes sont généralement froides; les meilleures sont celles des rivières dont le lit est sablonneux, et celles des bonnes citernes.

Le moyen d'aérer et d'échauffer celles qui son lourdes et froides, consiste à les laisser exposées quelque temps dans des auges ou des seaux, et à les y agiter.

L'eau trop froide détermine une irritation plus ou moins forte sur l'estomac et l'intestin, et, par suite, des indigestions et des tranchées.

L'eau stagnante et des mares, celle même qui s'écoule des fumiers, sont regardées comme très-convenables à la boisson des animaux dans beaucoup de fermes; souvent les animaux n'en ont pas d'autres. Les bestiaux semblent fréquemment leur accorder la préférence sur celles qui sont claires et limpides, probablement parce qu'elles tiennent en dissolution quelques sels qui peuvent les leur rendre agréables et plus sapides. Il faut convenir qu'elles peuvent quelquefois leur être utiles lorsque les matières qu'elles contiennent ne sont pas parvenues à un haut degré de putridité; mais il faut ajouter qu'elles deviennent quelquefois une cause très-active de maladie, surtout dans les temps chauds, époque où elles sont basses, très-putrides, et où les animaux ont le plus pressant besoin d'une boisson saine et abondante. Elles ont en outre l'inconvénient très-grave de communiquer à la chair des animaux une saveur très-désagréable.

Le temps et la manière d'abreuver les animaux sont encore des points qui intéressent essentiellement leur conservation.

On ne doit jamais les faire boire quand ils sont échauffés par un exercice violent; il faut attendre qu'ils soient reposés, et les abreuver ensuite en les faisant boire aussi lentement que possible. On a tort de croire que le mélange d'une petite quantité de farine avec l'eau, suffit pour corriger tous ses mauvais effets. Cette méthode peut contribuer à rendre l'eau moins froide et plus aérée, parce que, pour la mettre en pratique, il faut agiter l'eau en y plongeant la main; mais si l'eau est naturellement mauvaise, ce n'est pas cette farine qui lui ôtera ses qualités pernicieuses.

L'heure la plus convenable pour faire boire les bestiaux, est celle de huit à neuf heures du soir. En été on les abreuve avec raison trois fois par jour, et la seconde doit alors être fixée environ cinq heures après la première.

Il est nombre de personnes qui sont dans l'usage d'envoyer leurs chevaux boire à la rivière; cette méthode nous paraît assez convenable, pourvu qu'on ne les y mène pas dans le plus âpre de l'hiver, et qu'on ait l'attention, à leur retour, de bouchonner leurs quatre jambes, et d'enlever ainsi l'eau dont elles sont mouillées.

Quant à ceux qui abreuvent leurs animaux dans l'écurie, ils doivent en hiver avoir grand soin de faire boire l'eau sur-le-champ, aussitôt qu'elle est tirée, et avant qu'elle ait acquis un degré de froid considérable. Dans l'été, au contraire, il est indispensable de la tirer le soir pour le lendemain matin, et le matin pour le soir du même jour, afin de lui faire perdre le degré de froid qu'elle avait. Cependant quand on n'a à sa disposition que de l'eau tirée sur-le-champ du puits, on peut l'employer après l'avoir agitée pendant quelque temps avec la main ou avec une poignée de foin.

(Dictionnaire usuel de chirurgie et de médecine vétérinaire).

LE SEL EMPLOYÉ A L'ALIMENTATION DES BESTIAUX

La nature, dit Rozier, a décidé la question. Il n'est aucun animal domestique qui n'ait un goût décidé pour le sel marin et pour le nitre. On voit des pigeons faire plusieurs lieues pour gagner les bords de la mer et chercher dans les falaises le sel qui s'y attache. On voit les moutons lécher les pierres des murs, et surtout ceux qui sont construits en plâtre, parce qu'il s'y développe naturellement du sel de nitre. Existe-t-il une source salée dans une contrée : les chevaux, les bœufs, s'échappent quand ils le peuvent pour y aller, et les animaux sauvages eux-mêmes s'y rendent de toutes parts. D'après une indication si forte, si soutenue, comment s'aveugler au point de dire, tantôt que le sel est inutile, tantôt qu'il est nuisible au bétail ? Il est constant que le trop est dangereux en tout, mais entre le trop et le nécessaire, il y a une ligne de démarcation, et l'animal, plus sobre que l'homme, l'outre-passe très-rarement.

MANIÈRE D'ADMINISTRER LE SEL

De toutes les manières d'employer le sel, celle qui est préférable, est celle qui consiste à le répandre sur le foin au moment de la récolte. Dans ce cas, le foin mis en tas au fenil ou en meule, s'échauffe, fermente et laisse échapper toute l'eau de végétation qu'il avait conservée; ce qui fait dire aux cultivateurs que le foin sue. S'il a été soupoudré de sel, l'eau de végétation redevenue libre par la fermentation, dissout le sel avec lequel elle se trouve en contact; puis ensuite une partie s'évapore, et l'autre, plus fixe, chargée du principe salin, est absorbée par le foin, et lui donne un goût agréable qui le fait rechercher par les animaux.

La dose à employer est de quatre à cinq kilogrammes par mille de foin, c'est-à-dire par cinq cents kilogrammes.

C'est surtout pour les fourrages avariés que cet usage est indispensable. Les foins vaseux, poudreux, ceux qui ont été séchés difficilement et à la longue, ou qui sont rentrés encore humides et disposés à la moisissure, retrouvent une partie des qualités nutritives qu'ils ont perdues et peuvent être utilisés sans danger pour la santé des animaux qui les consomment.

Lorsque le foin a été altéré par le mauvais temps ou récolté dans un terrain marécageux où il contracte une odeur repoussante, il est utile de mettre dans ce fourrage, afin de lui restituer sa qualité, quatre à douze kilogrammes de sel pour cent kilogrammes de foin.

Si l'on est obligé d'entrer le foin ou le regain avant sa complète dessiccation, dans ce cas on recommande de le saler et de l'arranger par couche avec de la paille, c'est-à-dire à mettre une couche de l'un et une couche de l'autre. La paille alors s'imprègne de l'humidité du foin et en contracte le goût. Le mélange haché est désiré avec autant d'appétit, par les bestiaux, comme le bon foin.

Lorsque le sel n'a pas été mis dans les foins altérés au moment de la récolte, il doit être employé en solution dans l'eau. Dans ce cas, après avoir fortement battu la ration de la journée pour le débarrasser de la poussière et des corps étrangers qui pourraient le salir, on l'asperge avec de l'eau salée. Si ce moyen n'est pas aussi efficace que le premier, il a du moins l'avantage de coller aux plantes la poussière dont elles sont souillées, et de prévenir ainsi les maladies dont la peau et les voies respiratoires deviennent le siége à la suite de l'usage de ces foins, maladies toujours graves, parmi lesquelles on remarque surtout les affections vermineuses, la gale, les toux rebelles, les catarrhes souvent incurables, la pousse, la morve, etc.

Ce qui est dit des foins est applicable aux fourrages des prairies artificielles.

Le sel peut aussi être donné aux animaux domestiques soit seul, à la main, soit mélangé à des aliments solides ou liquides. La dose varie selon les espèces, l'état des animaux, leur âge, leur tempérament, le genre de travail, la nature de l'alimentation des lieux qu'ils habitent, les saisons, etc.

En prenant pour base l'âge adulte et la taille moyenne des animaux, voici les doses qui sont conseillées pour chaque espèce :

Par tête et par jour :

Pour l'espèce chevaline,	de 15 à 25	grammes.
Pour l'espèce bovine,	de 40 à 50	id.
Pour l'espèce ovine,	de 5 à 10	id.
Enfin pour l'espèce du porc,	de 10 à 15	id.

Ces doses devront être modifiées selon les raisons qui précédent. Ainsi, le jeune âge, les tempéraments nerveux, sanguin-nerveux, la nourriture sèche, l'hiver et l'été, sont autant de circonstances qui demandent la diminution des quantités indiquées. Au contraire le tempérament lymphatique, la nourriture verte, le printemps et l'automne, les pâturages humides, indiquent une augmentation de la ration du sel.

A l'espèce chevaline, on donnera le sel dans le son ou l'avoine indistinctement, surtout avant de boire, parce qu'alors, la soif étant plus grande et les aliments contenus dans l'estomac étant mieux délayés, la digestion sera plus facile. On agira de la même manière pour l'espèce bovine. Cependant, pour l'une et l'autre de ces espèces, on fera attention à la température extérieure du corps, car, si les animaux étaient en sueur, il serait préférable de donner le sel après la boisson.

A l'espèce ovine, on le donnera soit seul, répandu dans de petites mangeoires, soit mélangé à de l'avoine, du son, à différents résidus de distilleries ou de plantes oléagineuses; à des provendes, dont la quantité et la composition varient selon les localités et les ressources des cultivateurs. Il n'est pas indifférent de le donner le matin ou le soir; on doit, dans cette circonstance, se régler sur la température de l'atmosphère et le dégré d'humidité des pâturages. Si la terre est sèche, si les pâturages ne sont pas garnis de flaques d'eau où les moutons puissent boire outre mesure, on donnera le sel le matin; dans le cas contraire, on le donnera le soir.

Lorsqu'on ne donne aux animaux que la quantité de sel qui leur est nécessaire, cet usage est vraiment salutaire; il procure de l'appétit et provoque la soif; stimule l'estomac et l'appareil digestif; la digestion est plus facile et plus prompte, ainsi que l'absorption des principes nutritifs; la circulation est plus active, le sang plus riche, les chairs plus fermes; toutes les fonctions s'exécutent plus régulièrement; tous les organes participant des propriétés toniques et stimulantes du sel, offrent plus de résistance à l'invasion des maladies.

Dès que les chevaux en font usage, ils ont un appétit plus décidé, leur poil devient plus clair et ils deviennent plus robustes. Soixante-cinq grammes donnés tous les trois à quatre jours, dans du son ou de l'avoine paraissent être la dose la plus convenable pour un cheval.

Le sel rend la viande des bêtes de boucherie meilleure et plus sapide; donne de la finesse à la laine des moutons, tout en la rendant plus abondante; lisse les poils de tous les animaux. Il aide à l'amélioration des races, et lorsqu'il est donné à la main aux jeunes animaux, il les rend dociles et familiers.

M. Curwin, membre distingué de la chambre des

communes en Angleterre, a fait d'utiles expériences sur l'emploi du sel dans le traitement des bestiaux. Il a trouvé que le sel est un préservatif certain contre les effets fâcheux de l'humidité si redoutable aux bestiaux, et il la fait administrer avec succès aux chevaux dont les jambes se gonflent à la suite de grandes fatigues. Donné aux vaches, le sel ôte au lait et au beurre ce goût de navet qu'il contracte quelquefois lorsqu'on les nourrit avec cette plante.

DISTRIBUTION DE LA NOURRITURE

Les heures des repas doivent être invariablement fixés et la quotité de la ration sera autant que possible invariablement réglée. Il ne faut jamais que l'animal, à moins d'un empêchement absolu, attende son repas ni qu'on lui donne des rations irrégulières, tantôt trop fortes, tantôt insuffisantes. Les aliments liquides ne doivent jamais être donnés chauds, mais bien tièdes. Si les animaux sont connus pour leur gloutonnerie ou leur penchant au gaspillage, la ration leur sera donnée en plusieurs fois. La même précaution s'applique aux animaux qui ont l'habitude de boire avec trop d'avidité. On a soin de leur retirer fréquemment la tête pendant qu'ils boivent, de manière à ce qu'ils n'apaisent leur soif que petit à petit. Car, si on les laissait faire, l'avidité qu'ils mettraient à absorber l'eau fraîche aurait infailliblement pour conséquence de leur causer des coliques ou tranchées.

PANSAGE DU CHEVAL

L'animal bien pansé est à moitié nourri, dit le proverbe, et le jeu de l'étrillé équivaut à un picotin d'avoine. Le pansage rend la peau plus souple, plus fine, les articulations plus souples, et agit de la manière la plus heureuse sur la vigueur, la bonne humeur, le contentement et la santé de l'animal. Sans le pansage, il est pour ainsi dire impossible qu'un cheval se porte bien. Dans tous les cas, il sera chagrin, irritable, mal à l'aise, et ne rendra qu'à contrecœur le service qu'on lui demande.

Ce pansage ne doit pas être un simple bouchonnage fait à la hâte, mais un pansage complet, il devra avoir lieu une fois par jour; voici comment on opérera :

Le cheval sera conduit dehors et attaché, soit à la porte de l'écurie, soit, si le temps est mauvais, sous un hangar.

Le palefrenier commence l'opération par le côté droit. Il prendra l'étrille de la main droite, posera la main gauche sur la queue du cheval et étrillera soigneusement tout le côté du corps, en rebroussant le poil depuis le croupion jusqu'à l'extrémité du cou, avançant graduellement en traînant la main gauche sur le dos du cheval; il reviendra ensuite, en rabattant le poil, de la tête au point de départ.

Ce côté terminé, il passera au côté gauche et fera de même, mais en changeant de main, c'est-à-dire qu'il se servira de l'étrille de la main gauche et appuiera la main droite sur le cheval.

Cela fait, il abandonnera l'étrille, prendra un bouchon de paille ou une brosse en chiendent et bouchonnera ferme ou brossera les membres du côté droit, d'abord de bas en haut puis de haut en bas. Il fera de même du côté gauche, mais toujours en changeant de main, c'est-à-dire en prenant le bouchon de paille ou la brosse de la main gauche. Il terminera par la tête.

Le bouchonnage terminé, le palefrenier prendra la brosse à cheval de la main droite, l'étrille de la main gauche, et brossera le côté droit, du croupion à la tête, puis reviendra de la tête au croupion. Il frappera souvent la brosse sur l'étrille pour en secouer la poussière, les poils, etc. Il fera de même du côté gauche, en changeant de main, c'est-à-dire en tenant la brosse de la main gauche et l'étrille de la main droite.

Il passera ensuite aux parties osseuses du côté droit, puis aux mêmes parties du côté gauche, sans oublier le côté correspondant de la tête et la face, ni de changer de main suivant le côté, comme il est dit ci-dessus.

Le changement de main, dans le cas de l'étrille comme dans tous les autres, est indispensable. Toutefois, pour les parties internes, on peut se servir indifféremment des deux mains, selon que la perfection du travail paraît le demander.

Tout ce qui précède ne laissant plus rien à désirer, le palefrenier saisira l'éponge, la trempera dans le baquet d'eau claire et froide préparé à cet effet, et épongera soigneusement les yeux, les nazeaux, la crinière, le toupet, la queue, l'anus, le fourreau.

Enfin, il prendra le peigne à cheval et peignera la crinière, le toupet et la queue.

Tous les mois, il prendra des ciseaux, régularisera les crins, tant de la crinière et du toupet que de la queue, et fera la toilette des pieds. (Le sud-est.)

TRAVAIL DU CHEVAL

Un cheval vif et emporté ne doit pas être attelé concurremment avec un autre nonchalant ou paresseux.

Les chevaux tirant de compagnie doivent toujours être, autant que possible de même force et de même entrain. Les charges extravagantes, les coups de collier doivent être soigneusement évités.

Les chevaux ne doivent jamais être frappés avec colère et sans raison ; on doit se borner à les réprimer avec douceur, et à exiger l'obéissance avec calme et fermeté, et, si l'on s'y prend bien le fouet devient inutile. Il faut habituer les charretiers à traiter les animaux avec tous les ménagements possibles. On peut voir combien ont plus de valeur les animaux placés entre les mains d'hommes prudents et sages, que ceux qui sont menés et traités avec rigueur.

Le repos est indispensable à la suite du travail du cheval ; on doit le faire travailler plus tôt le matin, plus tard le soir, et le laisser à l'écurie pendant la plus forte chaleur du jour.

Pendant les fortes chaleurs, les chevaux reçoivent une ration un peu moins forte et tonique ; on augmente les boissons et on les rend légèrement tempérantes, au moyen d'une faible addition de vinaigre ; on lotionne, plusieurs fois par jour, avec de l'eau froide, la tête, les yeux, le dessous de la queue, le fourreau et les pieds.

CHEVAUX EN ROUTE

Si le temps est mauvais le charretier doit mettre ses chevaux à couvert et les bouchonner parfaitement s'ils sont mouillés par la pluie.

Pendant les grandes chaleurs, le charretier, s'il s'arrête devant une auberge pour faire donner l'avoine à ses chevaux, s'appliquera, s'ils sont en sueur, à les bouchonner parfaitement, aura soin de ne point leur donner d'eau froide, et s'il reste à l'auberge, il surveillera leur repas.

Après une montée ou un rude passage, les chevaux doivent souffler, et pendant la route le charretier devra veiller et reconnaître quand un cheval sera poussé à satisfaire des besoins naturels et arrêter son équipage pour permettre à la bête de se vider à l'aise et tranquillement.

LITIÈRE

Les chevaux à l'écurie jouiront toujours d'une suffisante litière pour ne point se salir en se couchant. On pourra ne faire cette litière que tous les huit jours, mais chaque jour une bonne couche de litière fraîche sera ajoutée à l'ancienne.

BÊTES BOVINES

PANSAGE DES BÊTES BOVINES

Le pansage des bêtes bovines n'est pas moins nécessaire que celui du cheval; elles ont comme le cheval, des porosités qui les tourmentent, et, comme le cheval, leur peau se recouvre de produits étrangers qui s'accumulent, interceptent la transpiration, appellent les maladies de la peau, dartres, gale, etc., et occasionnent surtout dans l'appareil respiratoire, des affections toujours pénibles et souvent mortelles. Aussi un animal négligé sous le rapport du pansage est-il irritable, mal à l'aise et sujet aux convulsions nerveuses. Quels que soient les soins donnés d'ailleurs, il ne profite guère, dépérit et n'offre, le plus souvent à l'œil, que le plus misérable aspect.

Le pansage doit donc être soigneusement et régulièrement donné une fois par jour, à tous les animaux de l'espèce bovine, bœufs, vaches et veaux. Ceci est de rigueur. On ne doit pas se servir de l'étrille à cheval; il est nécessaire d'en avoir une spéciale et beaucoup plus douce

Les soins les plus vulgaires que la vachère puisse donner aux vaches, c'est qu'elles soient légèrement étrillées et brossées chaque jour.

La propreté, on ne saurait trop le dire, est pour tous les animaux une condition de santé, et la différence est grande entre le lait ou le beurre obtenu de vaches dégoûtantes de malpropreté, ou de vaches pansées régulièrement et tenues dans des étables bien aérées, sur des litières fraiches.

Le bouvier devra se livrer à l'opération du pansage du bœuf de la manière indiquée ci-dessus au palfrenier pour le pansage du cheval.

TRAVAIL DES BŒUFS

Les bœufs sont surtout employés aux travaux du labourage. C'est à deux ans qu'on met le bœuf au travail; mais pour ne pas arrêter sa croissance, on doit user de beaucoup de modération. On est généralement porté à abuser de la force des bœufs.

Les bœufs tirant de pair, doivent, autant que possible, être de même force et de même entrain : ainsi un bœuf actif ne doit pas être attelé concurremment avec un bœuf nonchalant, lourd et paresseux; pas plus qu'un bœuf fort avec un bœuf faible.

Un bon bouvier doit être fort, vigoureux, adroit, patient et doux. Il ne doit jamais mener les bœufs plus vite que leur pas ordinaire, surtout quand il fait chaud. Dans les endroits difficiles à passer ou à labourer, on leur laisse un moment pour prendre haleine.

Dans les grandes chaleurs, le bouvier doit : 1° présenter, de temps en temps, aux bœufs, des seaux d'eau aiguisée de vinaigre, ou de l'eau dans laquelle on délaie un peu de son. Ces moyens sont propres à prévenir les maladies inflammatoires auxquelles les bœufs sont sujets ; 2° les bouchonner quand ils rentrent couverts de sueur et de poussière ; 3° éviter de leur donner de l'eau de fontaine ou de puits en rentrant du travail ; ce n'est qu'après l'avoir laissée exposée au soleil pendant quelque temps qu'elle pourrait être donnée en boisson ; 4° leur lotionner, avec de l'eau froide, et plusieurs fois par jour, la tête, les yeux, le dessous de la queue et les pieds ; 5° les faire travailler le matin et le soir et les laisser à l'étable pendant la plus forte chaleur du jour.

Le bouvier ne doit jamais demander aux bœufs des travaux extraordinaires, à moins d'une nécessité urgente, et à la condition qu'il y aura compensation dans les soins et dans la nourriture ; il ne doit non plus pratiquer de saignée sur ces animaux, pris de chaleur, à moins qu'un homme de l'art n'en ait prononcé l'utilité ; mais il les mettra à l'ombre dans un endroit frais et leur fera des aspersions d'eau froide vinaigrée sur la tête et l'encolure; puis il épongera les yeux et les naseaux avec le vinaigre sans mélange d'eau.

NOURRITURE DES BÊTES BOVINES

Bien nourrir le bétail coûte; le mal nourrir coûte plus encore. La ration doit être calculée sur le poids, l'âge et la nature du travail de l'animal. Les bêtes laitières recevront des aliments plus aqueux, c'est-à-dire qui contiennent le plus d'eau; — les bêtes de travail recevront des aliments nourrissants; — les bêtes à l'engrais des aliments les plus nutritifs.

BŒUFS. Dans le temps des ouvrages, on donnera aux bœufs beaucoup plus de foin que de paille, et même un peu de son et d'avoine avant de les faire travailler. En été, si le foin manque, on leur donnera de l'herbe fraîchement coupée, ou bien de jeunes pousses et des feuilles de frêne, d'orme, de chêne, etc., mais en petite quantité; l'excès de cette nourriture qu'ils aiment beaucoup, leur cause quelquefois un pissement de sang. La luzerne, le sainfoin, la vesce, soit en vert, soit en sec, les navets, les pommes de terre, sont aussi de très-bons aliments pour les bœufs. Les herbes des prairies naturelles ou artificielles, sont les meilleurs aliments que l'on puisse donner aux bœufs.

La valeur des aliments est augmentée par une bonne préparation. Les animaux ne doivent jamais être nourris exclusivement de racines; un tel régime les affaiblit et leur occasionne des diarrhées rebelles.

Le foin ne doit jamais composer toute la ration du bétail; mais il doit toujours y figurer pour une partie; on donnera le foin aux bêtes de travail, le regain aux bêtes de lait et d'engrais, la paille ne sera jamais donnée seule. Seule, la paille est un très-mauvais fourrage et le plus cher de tous.

Les fourrages, la paille surtout, devront être hachés en partie, et, mieux encore détrempés.

La régularité dans la distribution de la nourriture est une condition indispensable. Les heures des repas, de même que la ration, doivent être réglées. Le vert ne sera donné que par petites portions à la fois. On peut mêler la paille avec le fourrage vert, en hachant le tout ensemble.

Le bouvier doit veiller à ce qu'aucune plante vénéneuse ne soit mêlée aux fourrages; tels sont : la ciguë, l'ellébore, l'aconit, la belladone, la jusquiame, la morelle, la mercuriale, la renouée ou poivre d'eau, le coquelicot, la renoncule scélérate, etc.

VACHES. Il n'est pas indispensable que les vaches aillent paître aux champs; elles peuvent donner beaucoup de bon lait sans sortir de l'étable, lorsqu'elles y sont bien nourries et bien soignées; pourtant la nourriture qu'elles mangent aux champs et l'exercice qu'elles y prennent sont favorables à leur santé et à leur production, surtout si elles sont conduites dans des pâturages abondants.

La régularité du repas de la vache nourrie à l'étable et la variété des aliments sont utiles à sa santé.

Il est difficile de déterminer la quantité de nourriture nécessaire à chaque vache. On arrive peu à peu à reconnaître qu'elles sont les bêtes les plus gloutonnes et les plus timorées.

Les aliments secs, foin ou paille, quand ils sont donnés sans mélange, nourrissent mal, et ont l'inconvénient d'amener la constipation; le poil des bêtes devient terne, sec et comme brûlé; le lait est peu abondant et le beurre qu'on obtient est d'un goût peu agréable, sans couleur et d'une conservation difficile.

Pendant tout l'été, c'est-à-dire depuis la fin du printemps jusqu'au commencement de l'automne, les plantes vertes sont la nourriture ordinaire des vaches. Pendant le reste de l'année on leur donne des racines dont on varie les sortes, et qu'on mêle aux fourrages secs.

La vache à lait est celle qui, à la fin de l'hiver, a le plus besoin de faire usage des plantes vertes; elle aime beaucoup les tiges succulentes du trèfle incarnat. Le seigle en vert, l'escourgeon, lui fournissent au commencement du printemps d'excellentes rations. Les vesces, la luzerne, les regains, etc., forment la nourriture de l'arrière-saison.

Pendant l'hiver on donne à la vache laitière la coupe des regains et la paille d'avoine, etc.; des soupes faites avec des eaux grasses; on mêle à ces soupes des pelures de pommes de terre et des légumes quelconques, du son et toutes sortes d'herbes. La betterave doit être donnée avec quelques ménagements, car elle convient mieux à l'engraissement qu'à la production du lait. Les pommes de terre crues favorisent plus que les pommes de terre cuites, la sécrétion du lait.

Une vache laitière doit boire fréquemment et abondamment; elle boit avec plaisir les résidus de laiterie, le lait de beurre, le petit lait.

Les fourrages, même les plus aqueux, auxquels on mêle, dans de petites proportions, les plantes aromatiques si communes en France, contractent le goût et la saveur de ces plantes, et parfument agréablement le lait et le beurre.

Parmi les plantes que les vaches trouvent dans les champs, les unes sont favorables à la production du lait, tels sont : le trèfle rampant, la moutarde blanche, la bistorte, l'aspérule odorante, le sainfoin des montagnes, la chicorée, le pissenlit, etc.; d'autres diminuent la sécrétion du lait, telles que : les renoncules, les euphorbes, l'aconit, le colchique, l'ellébore, la morelle noire, etc.

Lorsqu'on veut faire passer les vaches de la nourriture sèche à la nourriture verte, il est prudent de mêler, dans une proportion chaque jour croissante, du fourrage vert et du fourrage sec. Une transition brusque exposerait les vaches à la diarrhée.

BÊTES OVINES

La bergerie doit être, tous les deux ans, blanchie au lait de chaux; et l'on doit faire laver avec de l'eau de lessive les râteliers et les auges.

Le fumier doit être enlevé au moins une fois par mois, et la litière rafraîchie chaque fois qu'elle n'est plus propre.

NOURRITURE DES BÊTES OVINES

Un logement sain et spacieux et une bonne nourriture, sont les conditions essentielles pour améliorer un troupeau.

On appelle pacage ou pâturage les sols couverts d'herbes où l'on fait paître les bestiaux.

Le pacage dans les bois n'est guère favorable aux moutons; outre que l'herbe qu'ils y trouvent est peu nourrissante, ils déchirent leurs toisons en passant au milieu des branchages.

Le pacage dans les terres labourables, dans les prairies artificielles et les prés fauchés au bord des chemins, conviennent beaucoup mieux que le pacage dans les bois. Le pacage dans les marécages est le plus mauvais de tous.

On peut établir dans les terres de médiocre qualité, des pacages permanents qui conviennent aux moutons et qu'on réserve pour les temps où les moutons ne peuvent plus trouver une nourriture convenable dans les pacages ordinaires. La terre ainsi transformée en pacage sera considérablement améliorée par le fumier des moutons.

On doit éloigner les moutons des herbes qui peuvent être nuisibles; nous n'entendons pas parler des herbes vénéneuses nuisibles par elles-mêmes, car les moutons les rejettent toujours, mais bien de celles qui sont de bonne qualité, que les moutons mangent avec avidité et qui peuvent cependant leur faire beaucoup de mal en certaine circonstance. Ces bonnes herbes sont le trèfle, la luzerne, le froment, l'orge, la moutarde des champs, et, en général, toutes celles qui sont succulentes, trop tendres, trop aqueuses et chargées de rosée ou de pluie froide. Lorsque toutes ces herbes sont en grande quantité dans la panse, elles fermentent et laissent dégager des gaz qui les gonfle et rendent l'animal plus gros qu'il ne doit l'être.

Il faut faire paître les bêtes ovines tous les jours, si c'est possible, puisque la nourriture la plus naturelle et la moins coûteuse est la pâture, et qu'on n'y supplée qu'imparfaitement par des fourrages donnés à la bergerie.

Le berger doit laisser marcher les bêtes ovines et les laisser paître librement dans les pâturages; éviter, autant que possible, les terrains humides, chargés de rosée et de gêlée blanche; mettre le troupeau à l'ombre durant la grande ardeur du soleil; le conduire le matin sur les côteaux exposés au couchant, et le soir sur les côteaux exposés au levant; conduire le troupeau lentement, surtout lorsqu'il monte les collines.

Mais quelque avantageuse que soit la méthode de nourrir les bêtes ovines au pâturage, il arrive une époque où la terre est dépouillée d'herbes et où les grands froids empêchent de laisser les moutons dehors; il faut alors les nourrir à la bergerie. Les produits des prairies artificielles leur convient; le foin leur convient mieux encore; ils mangent avec profit et plaisir la paille d'avoine; on peut faire passer dans leurs râteliers les pailles destinées à la litière; ils mangent ce qui leur plaît, le reste est employé pour la litière.

Les racines telles que les pommes de terre, les topinambours, les carottes, les panais, les betteraves, les navets, conviennent très-bien aux moutons.

Avant de distribuer les racines aux moutons, on doit les couper avec le coupe-racines. Aussitôt que les agneaux commencent à manger, on leur donne ces racines coupées très-menues et mêlées avec un peu de son. Les brebis nourrices doivent recevoir une ration plus forte que les autres bêtes.

Les feuilles de choux sont un bon aliment pour les moutons.

Pendant l'hiver, la ration d'un mouton doit être en moyenne de 500 grammes de foin ou de 1000 grammes de racines, outre la paille et la litière.

La nourriture des agneaux doit être composée de son, d'avoine, d'orge, de betteraves coupées très-menues, de choux, de regains de prairies artificielles dont ils mangent d'abord les feuilles et les fleurs.

Lorsqu'on a à sa disposition plusieurs sortes d'aliments, il est bon de les faire alterner dans la même journée et d'en composer des repas séparés.

TONTE DES BÊTES OVINES

La tonte est une opération très-importante et qui mérite beaucoup de soin. La manière dont elle est faite et l'époque à laquelle on l'opère, ont une grande influence sur la quantité et la qualité de la laine. On ne doit pas faire exécuter la tonte par des personnes inexpérimentées ; il faut choisir celles qui ont l'habitude de ce travail. Le bon tondeur est celui qui opère vite et qui tond bien sans couper l'animal, qui fait la coupe unie et qui ne serre point la peau de trop près dans les ciseaux; cependant, il faut éviter que les tondeurs, en cherchant à lutter de vitesse, tondent mal, ce qui arrive quelquefois aux personnes plus lentes qui veulent faire autant de travail que les plus habiles.

L'époque de la tonte varie selon la saison et la race. En général les races françaises doivent être tondues plus tôt que la plupart des autres races, parce que dès la fin d'avril les moutons perdent leur laine. On tond les mérinos beaucoup plus tard; on peut même retarder la tonte jusqu'en juin.

Les tondeurs doivent être munis d'instruments appropriés à leur travail. La manière la plus commode de tondre l'animal est de le placer sur une table après lui avoir lié les pattes. Les tondeurs sont plus à leur aise, et la laine alors n'est point exposée à être salie :

On reconnaît que la tonte est bien faite si la toison n'est pas désunie, c'est-à-dire qu'on la détache tout entière sans la rompre.

Ce que le marchand désire principalement, c'est que la toison soit entière, dans sa force, sans odeur et sans humidité; ce qu'il recommande en conséquence à la bonne foi du cultivateur, c'est de ne pas faire suer son troupeau à l'approche de la tonte, en le plaçant dans des bergeries humides et bien fermées.

Dans certains pays l'usage est de tondre les agneaux vers la fin de juin; dans d'autres pays on ne les tond pas; c'est au cultivateur à décider qu'elle est la meilleure méthode.

Il est assez difficile de bien réussir dans le lavage de la laine et il est toujours plus avantageux pour le propriétaire de vendre la laine en suint, c'est-à-dire avant le lavage.

Après la tonte, le cultivateur a des soins particuliers à prendre de ses troupeaux pour leur conservation, surtout s'ils sont mérinos. Plus une toison est fine, tassée et régulière, et plus il est prudent de soustraire l'animal aux intempéries de l'air quand on l'a dépouillé. Les grandes chaleurs ne sont pas moins à craindre à cette époque que le froid passager, l'humidité et les variations fréquentes de la température. La chaleur modérée est celle qui convient à la bête à laine les premiers jours de sa nudité. Il est donc à propos de régler les heures de la sortie du troupeau de façon qu'il ne soit pas incommodé.

RACE PORCINE

SOINS A DONNER AUX PORCS

Il faut que le logement des porcs soit sain et propre ; ordinairement c'est un bouge obscur, humide, boueux, étroit, horriblement sale où ils ne peuvent se coucher sans être plongés dans une humidité perpétuelle, et où ils ne respirent qu'un air saturé de miasmes infects. Presque tous les cultivateurs croient que cela n'a aucune importance, et que le porc n'a besoin que de la nourriture.

Le sol de la porcherie doit être plus élevé que le sol extérieur; il doit être solidement pavé et en pente du côté du trou d'écoulement. Il est essentiel que l'air pénètre dans la porcherie ou par une fenêtre ou par le dessus de la porte qui est habituellement coupée par moitié dans la hauteur. Les portes et les fenêtres seront exposées au midi.

Lorsque la truie est sur le point de mettre bas, il est bon de la surveiller, même pendant la nuit, afin d'être là au moment de la délivrance, parce qu'il arrive quelquefois qu'une truie dévore ses porcelets ou les étouffe en se couchant sur eux.

Après la délivrance, la truie est parfois dans un état de faiblesse extrême ; il faut avoir recours au plus tôt à quelques stimulants, sans quoi elle pourrait périr. On répare ses forces en lui faisant avaler un demi-litre de vin chaud sucré, et, à défaut de vin, du cidre, de la bière. Si le remède ne produit pas d'effet au bout de deux heures, il faut le recommencer de cinq heures en cinq heures jusqu'à ce que la bête ait retrouvé sa vigueur. Il ne faut pas confondre cette prostration avec le léger abattement qui suit toujours la délivrance, mais qui est de courte durée. Des stimulants, dans ce cas, seraient dangereux.

Une truie nourrice a besoin d'une abondante nourriture, mais il convient de lui donner peu à la fois et souvent.

Il faut s'assurer si tous les porcelets tètent et présenter à la mamelle ceux qui ne peuvent pas la trouver ou sont trop faibles pour l'atteindre sans être aidés. Dès l'âge de trois semaines, il faut présenter un peu de nourriture aux porcelets ; elle est composée des mêmes aliments que ceux de la mère, qui sont :

du son bouilli dans l'eau, de l'orge ramollie par la cuisson, etc. Si l'on craint que la truie ne mange ses petits, on a soin aussi que l'auge ne soit jamais vide, ou bien encore on frotte le dos des nouveau-nés avec une décoction d'aloës. On nourrit amplement la mère avec des pommes de terre et des navets bouillis dans du petit lait ou de la farine d'orge, et l'on donne pour boisson de l'eau blanchie.

A mesure que les porcelets se développent, on augmente leur nourriture; quinze jours après leur naissance, on peut leur donner du petit lait ou de la farine d'orge, de seigle, de maïs en proportion de leur croissance, et autant qu'ils peuvent en digérer. Peu à peu on les prépare au sévrage.

A deux mois, on peut facilement sévrer les jeunes porcelets ; on les sépare de leur mère qui, si elle allaitait plus longtemps, s'épuiserait et serait malade à la seconde portée. Il faut alors leur donner à manger trois ou quatre fois par jour, tenir leur auge avec une extrême propreté et n'y laisser jamais ce qui reste du repas précédent. Ils aiment infiniment le lait caillé auquel on a ajouté des carottes, du son, ou des pommes de terre cuites ; les feuilles de choux, les fourrages verts et tendres leur plaisent beaucoup.

Lorsque les porcelets ont atteint l'âge de cinq mois, on leur supprime les distributions de graines et on les nourrit avec des herbages et des racines. Les glands, distribués deux fois par jour, leur conviennent parfaitement comme nourriture d'hiver. L'exercice leur est indispensable.

Lorsqu'on veut mettre les porcs à l'engrais, on augmente graduellement leur nourriture, et on les habitue peu à peu à ne plus sortir. On les engraisse avec différentes sortes d'aliments; tels que, fourrages verts, racines, résidus de distillerie, de brasserie, de laiterie, fruits tombés ou en partie gâtés, betteraves, navets, carottes, panais, topinambours, pois, glands, fèves, tripailles de volailles ou d'autres animaux, lavures de vaisselles, chair corrompue.

A mesure de leur engraissement, il faut donner aux porcs une nourriture de plus en plus substantielle.

QUATRIÈME PARTIE

LOIS RURALES ET USAGES LOCAUX

QUATRIÈME PARTIE

LOIS RURALES ET USAGES LOCAUX

ANIMAUX

Les propriétaires d'animaux sont responsables du dommage causé aux propriétés d'autrui par le pacage, le passage, l'introduction et l'abandon des dits animaux.

Ceux qui ont empoisonné des chevaux et autres bêtes de voiture, de monture ou de charge, sont punis d'un an à cinq ans de prison et de 16 à 200 francs d'amende.

Ceux qui font où laissent courir les chevaux, bêtes de trait, de charge ou de monture, dans l'intérieur d'un lieu habité, sont passibles de 6 à 10 francs d'amende.

Seront punis d'une amende de 5 à 15 francs, et pourront l'être à cinq jours de prison, ceux qui auront exercé publiquement, et abusivement de mauvais traitements envers les animaux domestiques.

La peine de la prison sera toujours appliquée en cas de récidive. — L'article 483 du Code pénal sera toujours applicable.

Il faut que les mauvais traitements, d'après l'article qui précède, aient été exercés publiquement. C'est la condition sans laquelle aucune poursuite ne peut avoir lieu. (Loi du 15 mars, 13 juin et 2 juillet 1850).

En déclarant que la peine de la prison sera toujours appliquée au cas de récidive, la loi semble exclure l'application des circonstances atténuantes au cas de récidive, et cependant on ajoute immédiatement que l'article 483 du code pénal, qui permet de réduire la peine à une simple amende, même en cas de récidive, sera toujours applicable ; d'où il suit que, même en cas de récidive, s'il y a des circonstances atténuantes, une simple amende pourra être prononcée. Il faut donc lire : la peine de la prison sera toujours appliquée en ce cas de récidive s'il n'existe pas de circonstances atténuantes.

ARRHES

On appelle arrhes une somme d'argent donnée, soit pour assurer la conclusion d'une convention non encore définitivement formée, soit pour sanctionner une convention irrévocablement conclue.

La promesse de vente vaut vente, lorsqu'il y a consentement réciproque des deux parties sur la chose et sur le prix.

Ainsi la promesse de vente est une convention par laquelle quelqu'un s'oblige envers un autre à lui vendre une chose pour un certain prix. Tant que celui auquel la promesse est faite ne promet pas d'acheter, il n'y a d'obligé que celui qui a promis de vendre; mais du moment où l'autre a promis d'acheter, il y a consentement et obligation réciproque, et la promesse vaut vente.

Si la promesse de vendre a été faite avec des arrhes, chacun des contractants est maître de s'en départir, celui qui les a données, en les perdant, — et celui qui les a reçues, en restituant le double.

Les arrhes peuvent donc se donner, ou lors de la vente projetée, ou lorsque la vente a été conclue et ar rêtée. Dans ce dernier cas, il n'est plus au pouvoir des parties de rompre le contrat, et les arrhes ne sont regardées que comme un à-compte sur le prix. Mais dans le premier, celui qui les donne consent à en transférer la propriété, s'il refuse de conclure le marché proposé ; celui qui les reçoit s'oblige à les rendre au double, en cas que le refus provienne de sa part. Ainsi lorsque la promesse de vente est faite avec des arrhes, elle ne vaut pas entièrement une vente, puisque les parties peuvent s'en désister en perdant les arrhes.

ACTE DE COMMERCE

La loi commerciale entend par acte de commerce : tout achat de denrées et marchandises pour les revendre, soit en nature, soit après les avoir travaillées et mises en œuvre, ou même pour en louer simplement l'usage. Il n'y a que les choses mobilières qui puissent devenir l'objet d'un acte de commerce.

Pour constituer un acte de commerce, il faut que les marchandises et denrées aient été achetées avec l'intention de les revendre; de telle sorte que la revente de ces marchandises soit l'objet principal de l'opération. Ainsi, il n'y a pas intention de la part de celui qui, ayant acheté des denrées au-delà de sa consommation, se décide à les revendre par un motif quelconque; mais celui qui expose en vente les objets qu'il a achetés fait évidemment acte de commerce, quoiqu'il n'ait rien vendu.

Il est important de savoir ce que l'on doit considérer comme acte de commerce; car toutes les contestations qui s'y rapportent sont du ressort de la juridiction commerciale, et la contrainte par corps est en général attachée aux obligations qui ont des actes de commerce pour objet.

Aux termes de l'article 631 du code de commerce les non-commerçants sont, comme les commerçants eux-mêmes, justiciables des tribunaux de commerce, par cela seul qu'ils sont poursuivis en raison d'actes de commerce.

BERGER

On appelle ainsi le préposé à la garde d'un troupeau de moutons.

Il est expressément défendu aux bergers :

D'employer des manœuvres quelconques pour se faire maintenir au service de leurs maîtres, soit en empêchant des fermiers de renvoyer leurs bergers actuels, soit par quelque autre moyen que ce soit. (Arr. C. d'Ét. du 14 septembre 1721).

De faire aucun tort, par quelque voie que ce soit, directement ou indirectement, aux fermiers et laboureurs qu'ils servent où à ceux qu'ils ont servis, ou enfin à ceux qui exploitent des terres ci-devant tenues par leurs maîtres, à peine de cinq à neuf ans de galères. (Arr. C. d'Ét. du 14 septembre 1751).

De former pour leur compte et joindre au troupeau de leur maître un troupeau particulier leur appartenant et connu sous le nom de *monture*, parce que, sous le prétexte qu'elles font partie de la monture, ils vendent, troquent et échangent les meilleurs bêtes des troupeaux de leurs maîtres. (Arr. Cons. du 14 septembre 1751).

Le berger est responsable du troupeau confié à sa garde; en conséquence il doit représenter les bêtes à lui remises, sinon payer le double de la valeur de celles qui manquent, à moins qu'il ne justifie qu'elles sont mortes de maladie ou qu'elles ont péri par accident (Arr. Cons. d'Et. 14 septembre 1651).

BESTIAUX

On appelle ainsi les animaux domestiques destinés à la nourriture de l'homme ou à la culture des terres.

Les animaux achetés hors des foires et marchés doivent, dans le cas ou ils ont été volés, être restitués gratuitement à leur propriétaire (Loi du 28 sep., 6 octobre 1791 tit. 2 article 14); si, au contraire, ils ont été achetés dans les ventes publiques, foires et marchés, ou d'un marchand vendant des choses pareilles, le propriétaire ne peut les réclamer qu'en restituant au détenteur le prix de l'achat (Code N., 2270, 2280), sauf son recours contre le voleur. Dans tous les cas, la revendication ne peut avoir lieu que pendant trois ans. (Code N., 2279).

Si des bestiaux sont infectés de maladies contagieuses, leur propriétaire doit les empêcher de communiquer avec d'autres bestiaux.

Les bestiaux morts doivent être enfouis dans la journée, à quatre pieds de profondeur, par le propriétaire et dans son terrain.

Ceux qui introduisent volontairement sur le terrain d'autrui des bestiaux de quelque nature qu'ils soient, notamment dans les prairies artificielles, dans les vignes, oseraies, dans les plants de carpiers, dans ceux d'oliviers, de mûriers, de grenadiers, d'orangers et d'arbres du même genre, dans tous les plants ou pépinières d'arbres fruitiers ou autres, faits de main d'homme, sont punis d'une amende de 11 à 25 francs. (Code pénal, 479).

L'introduction seule des bestiaux suffit pour constituer la contravention prévue par cet article; mais cette contravention n'est point aggravée par la durée du séjour que font les bestiaux sur le terrain, quand même ils y auraient été attachés, pourvu qu'on y soit pour les garder à vue (Cass., 7 sept. 1842).

Décidé (Cass.,) 10 novembre 1837), que le seul fait d'avoir introduit ou laissé passer des bestiaux sur le terrain d'autrui chargé d'une récolte constitue la contravention réprimée par l'article 479, lors même qu'il n'y aurait été causé aucun dommage.

Quiconque est trouvé gardant à vue ses bestiaux dans les récoltes d'autrui doit être condamné, en outre du paiement du dommage, à une amende égale à la somme du dédommagement, et peut l'être, suivant les circonstances, à une détention qui n'excède pas une année (L. 28 sept. 6 octobre 1791, lit. 2, article 26). Cette disposition n'a point été abrogée par le code pénal (Cass., 7 sept. 1842).

Le copropriétaire qui garde son troupeau sur un terrain commun entre lui et plusieurs autres personnes, et qui ne justifie pas du consentement de celles-ci encourt la peine prononcée par l'article 26 de la loi de 1791 ci-dessus rapportée (Cass., 1er décembre 1827).

CHEMIN D'EXPLOITATION

On donne ce nom au chemin destiné à l'exploitation rurale.

1° Le chemin d'exploitation étant établi par les particuliers pour l'usage de leurs fonds respectifs est de sa nature un chemin privé, appartenant indivisément soit à titre de propriété, soit à titre de servitude, à chacun de ceux qui s'en servent et qui ont fourni pour son établissement une portion de leur sol, tous ont donc le droit individuel de veiller à sa conservation dans toute son étendue et d'intenter toutes actions pour faire disparaître les obstacles qui gêneraient la circulation ou la rendraient moins commode, et pour réprimer toutes anticipations.

2° Les contestations qui s'élèvent au sujet des chemins d'exploitation sont exclusivement de la compétence des tribunaux et non de celle de l'administration qui n'a pas le droit de réglementer les chemins d'exploitation.

CHEMINS VICINAUX

On donne le nom de chemins vicinaux à ceux qui ont été classés comme tels par arrêté du préfet.

Le classement d'un chemin vicinal en fixe l'emplacement et la largeur. Si le chemin a besoin d'être élargi aux dépens des riverains, ceux-ci ne peuvent s'opposer à ce que ce qui manque à l'ancien chemin soit pris sur leurs terrains même avant le paiement de toute indemnité. Si, au lieu d'un simple élargissement, il s'agit de prendre en totalité l'emplacement du chemin sur le terrain d'un tiers, celui-ci ne peut-être dépossédé que par la voie de l'expropriation pour cause d'utilité publique, et après le paiement d'une indemnité.

L'action des propriétaires pour les terrains qui ont servi à la confection des chemins vicinaux se prescrit par deux ans, à compter de la dépossession.

Les chemins vicinaux sont établis et entretenus suivant les prescriptions de la loi du 21 mai 1836.

Un règlement du préfet du département fixe la distance à observer pour les plantations d'arbres le long des chemins vicinaux.

CHEMINS RURAUX

On donne le nom de chemins ruraux aux chemins publics d'une commune qui n'ont point été déclarés chemins vicinaux. Les rues et voies publiques existantes dans l'intérieur des bourgs et villages ne rentrent pas dans la catégorie des chemins ruraux.

Les chemins ruraux, ainsi que les simples sentiers, sont compris dans un tableau dressé par le maire, examiné et discuté par le conseil municipal et approuvé par le préfet. — La loi du 21 mai 1836, sur les chemins vicinaux, ne s'applique pas aux chemins ruraux.

Les chemins ruraux sont maintenus dans leur état actuel; le préfet peut en ordonner l'élargissement, mais cette opération ne peut avoir lieu que du consentement des riverains qui ne peuvent être expropriés.

La possession, de la part des habitants d'une commune, publique, paisible à titre non précaire, d'un chemin, en fait acquérir la possession à la commune; si donc un tiers interceptait ce chemin, la commune pourrait en réclamer la possession et faire rétablir la circulation provisoirement. Néanmoins, si le chemin aboutissait à son entrée et sa sortie à deux voies publiques, les faits de passage ne seraient considérés que comme des actes de tolérance à l'égard des propriétaires sur le terrain desquels il passerait, et par conséquent, dans ce cas, la commune ne pourrait en revendiquer la possession.

Tous les chemins ruraux doivent conserver leur largeur, quelle qu'elle soit, tant qu'elle n'a pas été réduite par un arrêté du préfet. Tout empiètement, dégradation ou détérioration de la part des riverains sur un chemin rural, est passible des peines prononcées par l'art. 479, nº 11 du Code Pénal, c'est-à-dire d'une amende de 11 à 15 francs.

Les chemins ruraux sont protégés par l'alignement ; en conséquence sont obligatoires les arrêtés des maires qui défendent de construire ou établir des clôtures sans avoir, au préalable, obtenu l'alignement à suivre (Cass. 21 décembre 1824).

Les maires ont le droit de prendre toutes les mesures nécessaires pour la sûreté et la commodité du passage sur les chemins ruraux, par exemple, ils peuvent prescrire l'élagage des branches qui avancent sur la voie publique, le recépage des racines qui pénètrent dans le sol. Les arrêtés qu'ils prennent à ce sujet doivent être soumis au préfet, et ne deviennent exécutoires qu'un mois après la remise de l'ampliation constatée par le récépissé du sous-préfet.

Toutes les contestations relatives, soit à la propriété ou à la possession des chemins ruraux, soit à la répression des contraventions, sont exclusivement de la compétence des tribunaux civils ou de simple police. Ainsi les conseils de préfecture sont incompétents pour statuer sur les anticipations sur les chemins ruraux.

Les riverains ne sont point obligés à l'entretien des chemins ruraux, il en est ainsi des tiers, même de ceux particulièrement intéressés à la bonne viabilité de ces chemins ; c'est à la commune à y pourvoir suivant ses ressources.

CHIENS

Ceux qui excitent ou qui ne retiennent pas leurs chiens lorsqu'ils attaquent ou poursuivent les passants, lors même qu'il n'en est résulté aucun mal ni dommage, sont passibles de 6 à 10 francs d'amende.

CONVENTION

La convention est, en général, un accord entre plusieurs personnes ; elle est encore le consentement de deux ou de plusieurs personnes pour former entr'elles quelque engagement ou pour en résoudre ou modifier un précédent.

Les conventions légalement formées tiennent lieu de loi à ceux qui les ont faites; elles ne peuvent être révoquées que de leur consentement mutuel ou pour des causes que la loi autorise; elles doivent être exécutées de bonne foi.

Les conventions ayant force de loi entre les parties qui les ont souscrites, il est important pour celui qui peut avoir des doutes sur leur exécution de la part de l'autre contractant, de fixer dans l'acte une indemnité résultant du défaut d'exécution : outre que cette stipulation est un puissant aiguillon pour procurer l'accomplissement des conditions qui font la base de la convention, elle a encore l'avantage d'éviter les lenteurs d'une évaluation par experts sans parler des frais qui en sont la suite.

DESTRUCTION ET DÉVASTATION DE RÉCOLTES, ARBRES, PLANTS, FOURRAGES ET GRAINS.

Quiconque a dévasté des récoltes sur pied ou des plants venus naturellement ou faits de main d'homme est puni d'un emprisonnement de deux ans au moins et de cinq ans au plus (C. pén., 444). Dévaster, c'est ruiner, saccager détruire, — non dans le but d'en profiter, ce qui constituerait un vol, mais uniquement pour nuire à autrui, — une certaine quantité de récoltes sur pied ou une partie de plants croissant ensemble, si la dévastation avait lieu par accident, il y aurait lieu seulement à une peine de simple police.

Quiconque a coupé des grains ou fourrages qu'il savait appartenir à autrui est puni d'un emprisonnement qui ne sera pas au-dessous de six jours, ni au dessus de deux mois. (C. Pén., 449). Cette disposition ne reçoit d'application qu'en cas où c'est par un esprit de malveillance ou dans le but de détruire et de dégrader qu'on coupe des grains et fourrages qu'on savait appartenir à autrui. — Si la coupe a porté sur des grains en vert la peine doit être d'un emprisonnement de vingt jours à quatre mois (C. pén., 450).

Les propriétaires qui souffrent des délits ci-dessus spécifiés ont le droit de réclamer des dommages-intérêts des délinquants devant la juridiction civile ou correctionnelle.

DOMESTIQUES

Le domestique est celui qui s'est engagé au service de quelqu'un pour un temps déterminé. (C. Napoléon, art. 1780.)

On en distingue de deux sortes : les domestiques spécialement attachés à la personne de leur maître, et ceux qui sont principalement occupés aux travaux de la campagne.

Il est loisible aux maîtres de renvoyer les domestiques et à ceux-ci de se retirer lorsqu'ils le jugent à propos, en payant ou exigeant une partie des gages proportionnelle à a durée du service. Quant à ceux qui sont attachés à la culture des terres, ils ne peuvent, à cause de la nécessité des travaux de la campagne, quitter leurs maîtres avant l'expiration du temps convenu, sous peines de dommages-intérêts, et cette obligation est réciproque.

On ne peut engager ses services qu'à temps ou pour une entreprise déterminée. (C. Napoléon, art. 1780). On n'a pas dû permettre à un homme de s'engager à servir toute sa vie une autre personne. Une pareille stipulation serait nulle, car elle est contraire à la liberté individuelle.

La cour de cassation a décidé que le maître ne peut valablement s'obliger à garder pendant toute sa vie un domestique, par la raison que l'article 1780 du Code Napoléon ne permettant au domestique d'engager ses services qu'à temps ou pour une entreprise déterminée, on devait en conclure que le maître ne pouvait pas non plus se lier, à l'égard de son domestique, par un engagement irrésoluble durant toute sa vie.

Tout domestique qui se présente chez un maître est tenu de lui exhiber de bons certificats de son dernier maître (Décret du 30 octobre 1810) ; mais malheureusement les maîtres n'exigent pas, dans les campagnes, la présentation de ces certificats, et ils occupent des domestiques avec une légèreté et une insouciance qui, trop souvent, tournent à leur préjudice.

Si le maître refuse de donner un certificat à son domestique sans motifs légitimes, celui-ci peut se retirer devant le juge de paix ou le maire, qui, après information, lui délivre une attestation de ce qu'il a pu connaître de sa conduite (Ordonnance de police du 6 novembre 1778.)

Tout domestique qui ne remplirait pas ses engagements envers son maître ne peut-être personnellement contraint à les exécuter, mais le juge de paix peut prononcer contre lui des dommages-intérêts.

Le juge de paix connaît sans appel jusqu'à concurrrence de 400 fr., et à charge d'appel, à quelque valeur que la demande puisse monter, des paiements des gages des domestiques et de l'exécution des engagements respectifs des maîtres ou des domestiques. (Loi du 25 mai 1838).

Le maître est cru sur son affirmation : 1° pour la quotité des gages; 2° pour le paiement de salaire de l'année échue et pour les à-compte donnés pour l'année courante. (Art. 1780 du C. Napoléon).

L'action des domestiques qui se louent à l'année, pour le paiement de leurs salaires, se prescrit par un an; celle des ouvriers et gens de travail, pour le paiement de leurs journées, fournitures et salaires, se prescrit par six mois. Leur action est prescrite lors même qu'ils auraient continué à servir le même maître, à moins qu'ils ne puissent représenter la preuve écrite qu'ils n'ont pas été payés; tel serait un arrêté de compte ou une reconnaissance de la dette. Mais, comme cette prescription repose sur une présomption de paiement qui pourrait être fausse, ceux auxquels cette prescription est opposée peuvent déférer le serment à leurs débiteurs, et si le maître refuse de faire le serment ou de le déférer au serviteur, il doit être condamné au paiement.

En cas de faillite ou déconfiture des maîtres, les domestiques loués à l'année ont un privilége sur la généralité des meubles pour l'année échue et pour ce qui est dû de l'année courante.

Le maître est responsable du dommage causé par ses domestiques dans les fonctions auxquelles il les a employés.

A Paris et dans une partie de la France il est d'usage, lorsqu'on loue un domestique, de lui donner une petite somme qu'on nomme *Denier-à-Dieu ;* si le domestique veut rompre l'engagement, il doit rapporter cette somme dans les vingt-quatre heures; si c'est le maître, il la perd.

Il est d'usage aussi de s'avertir mutuellement huit jours d'avance, lorsque le domestique veut quitter son maître ou que le maître veut le renvoyer. Toutefois, le maître peut renvoyer immédiatement son domestique en lui payant ses gages et sa nourriture pendant huit jours : il est dispensé de payer cette indemnité si l'expulsion repose sur des motifs graves.

Si un domestique tombe malade chez son maître, celui-ci peut retenir une partie proportionnelle des gages, lorsque la maladie a empêché le domestique pendant longtemps de faire son service; mais il en est autrement si la maladie n'a duré que quelques jours, attendu que le maître a dû compter sur une pareille indisposition, puisque peu de personnes en sont exemptes. (Pothier, n° 168).

La peine de la réclusion est prononcée contre les domestiques coupables de vol; — celle des travaux forcés à perpétuité en cas de viol sur la personne qu'ils servent. — La cour de cassation a décidé que la même peine devrait être prononcée contre le maître qui commettrait le même crime envers ses domestiques.

Lorsqu'on renvoie un domestique hors du lieu où on l'a pris, il est d'usage de lui fournir les moyens de retourner dans ce lieu, cependant si c'était le domestique qui voulût quitter le maître, ce dernier, ce nous semble, ne serait pas astreint à payer le voyage.

FOIRES ET MARCHÉS

Celui qui a perdu ou à qui il a été volé un objet mobilier peut en revendiquer la propriété pendant trois ans; mais si le possesseur actuel l'a acheté dans une *foire*, on ne peut le contraindre à le remettre qu'en lui remboursant le prix qu'il lui a coûté. (Code Napoléon, 2279).

Une lettre de change et un billet à ordre payables en foire sont échus la veille du jour fixé pour la clôture de la foire ou le jour de la foire si elle ne dure qu'un jour.

JEU ET PARI

Le jeu est la convention faite par les parties, que celle qui perdra paiera à l'autre une certaine chose.

Le pari est la convention par laquelle deux personnes prétendant que telle chose est ou n'est pas, que tel événement arrivera ou n'arrivera pas, stipulent que celle qui se trouvera avoir tort paiera à l'autre telle chose déterminée.

La loi n'accorde aucune action pour une dette de jeu ou pour le paiement d'un pari. (Code Napoléon, art. 1965).

Le débiteur d'une dette de jeu ou du paiement d'un pari qui aurait fait des billets pourrait se dispenser de les acquitter s'il prouve que la cause de ces billets est une dette de jeu ou le paiement d'un pari.

MALADIE EPIZOOTIQUE

L'epizootie est une maladie qui attaque simultanément un certain nombre d'animaux dans le même lieu ou dans les lieux rapprochés, sous l'influence d'une cause commune générale, étendue mais accidentelle. Une maladie épizootique n'est pas nécessairement contagieuse, soit la *fièvre muqueuse*, la *gastro-encéphalite* etc.; de même une maladie bien évidemment contagieuse peut ne pas revêtir le caractère d'une épizootie : ainsi la *rage*. C'est donc à tort que, dans l'énoncé des caractères généraux des maladies contagieuses, on les confond toutes sous le nom d'épizooties.

Les épizooties sont un des plus grands fléaux de l'agriculture; elles causent des ravages immenses et elles désolent quelquefois les campagnes plus que les sécheresses, les inondations et les intempéries des saisons. Les maladies épizootiques sont nombreuses et de plusieurs sortes; leurs remèdes varient selon la nature du mal; mais quelles qu'elles soient, il est difficile d'en arrêter les ravages, et la médecine est souvent impuissante. Il ne faut pas moins chercher à arracher quelques victimes à ces fléaux divers en redoublant de soins pour entretenir la santé des animaux. Ainsi, il faut rendre les étables et les écuries salubres, leur donner de l'air, y maintenir une température modérée, donner une nourriture saine et rafraichissante, mettre du sel dans la boisson, asperger les fourrages avec de l'eau salée, recourir à la saignée quand le besoin s'en fait sentir etc.; enfin, dans les maladies contagieuses, recourir à l'isolement, c'est-à-dire, à la séparation la plus complète du bétail sain d'avec le bétail malade et d'avec toutes personnes, tous animaux, tous objets ayant pu se trouver en contact avec les animaux infectés.

Les lois ont dû, par des mesures diverses, chercher, autant que possible, à arrêter les ravages des maladies épizootiques. Nous allons en faire connaître les principales dispositions.

Législation. L'arrêt du parlement de Paris, du 24

mars 1745, celui du conseil du 19 juillet 1746, celui du 16 juillet 1784, et enfin l'art. 459 du Code Pénal, imposent l'obligation à tout détenteur ou gardien d'animaux infectés de maladies contagieuses d'avertir, sur-le-champ le maire de la commune où il se trouve, et même avant que le maire ait répondu à cet avertissement, il doit tenir ces animaux renfermés; faute par lui d'avoir fait cette déclaration, il est puni de 10 fr., à 200 fr., d'amende et d'un emprisonnement de six jours à deux mois.

Le maire fait visiter les animaux malades par l'expert le plus proche ou par celui désigné à l'avance par l'autorité supérieure.

Si la maladie est constatée, le maire veille à ce que les animaux malades ne communiquent avec aucun animal de la commune. (Arrêt du conseil du 19 juillet 1746).

Le maire en informe, dans le jour, le sous Préfet de l'arrondissement auquel il indique le nom du propriétaire et le nombre des bêtes malades. (Idem.)

Si l'épizootie existe réellement dans la commune, le maire en instruit ses administrés par une affiche posée aux lieux où se placent les actes de l'autorité publique, et cette affiche enjoint aux propriétaires de déclarer à la mairie le nombre de bêtes qu'ils possèdent. (Arrêt du conseil du 19 juillet 1746).

Le maire fait en même temps marquer toutes les bêtes de la commune, et quand l'épizootie a cessé, il fait appliquer une contre-marque, afin que les bêtes puissent aller et être vendues partout. (Arrêt du conseil, 19 juillet 1746 et juillet 1784).

Tout agent de la force publique qui trouve dans les chemins, ou dans les foires et marchés, des bêtes marquées de la lettre M. sans contre-marque, doit les conduire devant le juge de paix, lequel les fait tuer en sa présence. (Idem).

Tout troupeau atteint de maladie contagieuse qui est rencontré au pâturage sur les terres du parcours ou de la vaine pâture autres que celles qui ont été désignées pour lui seul, peut-être saisi par les gardes champêtres et même par toute autre personne; il est ensuite conduit au lieu du dépôt indiqué à cet effet par la municipalité. Les mêmes mesures doivent être prises si le troupeau est trouvé sur les terres non sujettes au parcours ou à la vaine pâture. Les maîtres des troupeaux sont, en outre, passibles d'une amende de la valeur d'une journée de travail par tête de bêtes à laine et d'une amende triple par tête d'autre bétail. (Loi des 28 septembre, 6 octobre 1791).

Les propriétaires des bêtes saines, en pays infecté, peuvent en faire tuer chez eux ou en vendre aux bouchers aux conditions suivantes: 1° il faut que l'expert ait constaté que ces bêtes ne sont point malades; 2° le boucher ne peut entrer dans l'étable; 3° le boucher doit tuer les bêtes dans les vingt-quatre heures; 4° le propriétaire ne peut s'en dessaisir et le boucher les tuer qu'après qu'ils en ont obtenu la permission par écrit du maire. (Arrêt du cons. du 19 juillet 1746).

Tous les chiens trouvés vaguants dans les lieux infectés sont abattus. (Loi du 19 juillet 1791).

Aussitôt qu'une bête est morte, au lieu de la traîner on la transporte à l'endroit où elle doit être enfouie, qui est au moins à 100 mètres environ des habitations; on la jette seule dans une fosse de 2 mètres 22 centimètres de profondeur avec toute sa peau tailladée en plusieurs parties et on la recouvre de toute la terre extraite de la fosse. (Arrêt du parlement de 1745, et du conseil de 1784).

Les voitures qui ont servi au transport des bêtes mortes sont lavées à l'eau chaude aussitôt après le transport. (Idem).

L'arrêté du 17 messidor an V, qui a reçu avec l'instruction sur la morve des chevaux une nouvelle promulgation le 27 vendémiaire an XI, a été confirmé par l'ordonnance du 27 janvier 1815.

Sur la demande des autorités administratives, la garde nationale, la gendarmerie, les gardes champêtres et au besoin la troupe de ligne sont employés pour assurer l'exécution des mesures prescrites, et notamment pour former des cordons et empêcher la communication des animaux suspects avec les animaux sains. (Ordonnance du 27 janvier 1815).

Enfin, l'article 4 de l'ordonnance du 27 janvier 1815 dispose: « A la première apparition des symptômes de contagion dans une commune, il sera envoyé des vétérinaires chargés de visiter les bestiaux et de reconnaître ceux qui doivent être abattus. L'abattage aura lieu sans délai, sur l'ordre du maire ou des commissaires délégués par le préfet. »

Les frais de traitement proprement dit des maladies restent à la charge des propriétaires des animaux. Les vétérinaires ne sont chargés par l'autorité administrative que de concourir à l'exécution des mesures propres à prévenir ou à arrêter la contagion. Ils doivent indiquer les moyens préservatifs ou curatifs et ceux accessoires, tels que la visite des écuries et étables, la marque et l'isolement des bestiaux atteints de la contagion, l'abattage de ceux reconnus incurables et l'inspection des foires et marchés sous le rapport de la salubrité; mais la fourniture des médicaments reste, ainsi que le traitement des animaux, à la charge des propriétaires. (Circul. minist. 18 octobre 1819).

Les hommes les plus distingués parmi ceux qui ont traité cette matière se sont accordés à dire qu'il était inutile de chercher à traiter les animaux atteints de certaines épizooties contagieuses; que dès lors le parti le plus sage était de les sacrifier le plus promptement possible. Il faut reconnaître cependant que ce remède n'est en général efficace que lorsqu'il est pratiqué dans le principe du mal et que celui-ci est encore resserré dans une localité peu étendue.

OCTROI

On appelle ainsi la taxe sur certains objets de consommation imposée au profit d'une commune.

Nulle personne, quels que soient ses fonctions, ses dignités ou son emploi, ne peut prétendre, sous aucun prétexte, à la franchise des droits d'octroi. (Ord. 9 déc. 1814, art. 105).

Tout porteur ou conducteur d'objets assujettis à l'octroi, est tenu, avant de les introduire, d'en faire la déclaration au bureau, d'exhiber aux préposés de l'octroi les lettres de voiture, connaissements, chartes-parties, acquits à caution, congés, passavants, et toutes autres expéditions délivrées par la régie des contributions indirectes, et d'en acquitter les droits. (Ord. 9 déc. 1814, art. 28). L'introduction, sans déclaration, d'un objet soumis au droit, constitue une contravention. (Cass. 14 mars 1835). Il en est de même du refus de faire aucune déclaration. (Cass. 7 mars 1818), et des déclarations fausses ou inexactes.

Toute personne qui récolte, prépare ou fabrique dans l'intérieur d'un lieu sujet à l'octroi, des objets compris au tarif, doit en faire la déclaration et acquitter immédiatement le droit, si elle ne réclame la faculté de l'entrepôt. (Ord. 9 déc. 1814, art. 36).

Les préposés de l'octroi peuvent, après interpellations aux conducteurs, faire, sur les bateaux, voitures et autres moyens de transport, toutes les visites, recherches et perquisitions nécessaires, soit pour s'assurer qu'il n'y existe rien qui soit sujet aux droits, soit pour reconnaître l'exactitude des déclarations. (Même ord., art. 28).

Il est défendu aux préposés de l'octroi, sous peine de destitution et de dommages-intérêts, de faire usage de la sonde dans la visite des caisses, malles et ballots annoncés contenir des effets susceptibles d'être endommagés. Dans ce cas, comme dans tous ceux où le contenu des caisses et ballots est inconnu ou ne peut être vérifié immédiatement,, la vérification est faite, soit à domicile, soit dans les emplacements à ce destinés. (Même ord., art. 35).

Les personnes voyageant à pied et à cheval ne doivent pas être arrêtées, questionnées ou visitées sur leurs personnes, ou en raison de leurs malles ou effets ; mais tout individu soupçonné de faire la fraude, à la faveur de cette exception, peut être conduit devant le maire ou devant un officier de police pour y être interrogé, et la visite de ses effets est autorisée s'il y a lieu. (Ord. 9 déc. 1814). Cette disposition n'est pas applicable au cas où les objets introduits en fraude sont en évidence. (Cass. 18 vendém., art. 10).

Toute personne qui s'oppose à l'exercice des fonctions des préposés de l'octroi est passible d'une amende de 50 francs ; en cas de voies de fait, il en est dressé procès-verbal, qui est envoyé au procureur impérial, afin qu'il fasse appliquer les peines de l'art. 209 du Code pénal. Lois des 27 frim. an VII et 28 avril 1816).

Le recouvrement des droits d'octroi est poursuivi contre les redevables par voie de contraintes exécutoires par provision, décernées par les receveurs chargés de la perception de l'octroi, visées par le maire ou le préposé en chef de l'octroi, et rendues exécutoires par le juge de paix ; ces contraintes entraînent la contrainte par corps.

Les contestations qui peuvent s'élever sur la quotité des droits à percevoir ou l'application du tarif sont de la compétence du juge de paix du lieu de la commune, où le droit a été perçu, à quelque somme que la demande puisse s'élever, et à charge d'appel si elle excède 100 francs. (Lois des 27 frim., an VIII et 25 mai 1838).

En cas de contestations sur l'application du tarif ou la quotité du droit, le conducteur est tenu, avant tout, de consigner, sauf à se pourvoir en restitution devant le juge de paix compétent, comme il est dit au numéro précédent, à la condition que la quittance des droits consignés est représentée à ce magistrat.

Les contraventions en matière d'octroi sont, en général, punies de la confiscation des objets saisis, et d'une amende de 100 à 200 francs. A défaut par le contrevenant de consigner le maximum de l'amende, ou de donner caution solvable, les voitures, chevaux et autres objets servant au trasport, doivent être saisis. (Lois des 28 avril 1816, 29 mars 1832 et 24 mai 1834).

PATENTE DES LABOUREURS

Aux termes de l'art. 13, n° 4 de la loi du 25 avril 1844, les laboureurs et cultivateurs sont exempts de la patente pour la vente et la manipulation des récoltes et fruits provenant des terrains qui leur appartiennent, ou par eux exploités, et pour le bétail qu'ils y élèvent, qu'ils y entretiennent et qu'ils y engraissent.

La circulaire ministérielle du 14 août 1844, explicative de cette disposition, accorde l'exemption aux laboureurs et cultivateurs qui vendent des récoltes et fruits provenant de leur exploitation, lors même que la vente est effectuée hors de leur domicile et de la situation des terrains par eux exploités, — à ceux qui convertissent leurs vins ou cidres en eaux-de-vie, — à ceux qui exploitent et vendent leurs bois, même débités en planches ou convertis en charbon; — aux propriétaires qui ne font que filer les cocons provenant de leurs récoltes; — et aux propriétaires ou fermiers qui ne vendent que le bétail élevé, entretenu ou engraissé sur les terrains par eux exploités.

La même circulaire refuse l'exemption au laboureur et cultivateur qui vend plus de grains qu'il n'en a récolté; à celui qui, indépendamment des raisins ou des pommes de terre, olives ou autres fruits provenant de ses récoltes, en achète d'autres qu'il manipule, pour vendre les produits de cette manipulation; au propriétaire qui, avec le produit de ses bois, la pierre calcaire extraite de ses carrières ou la terre prise sur son fonds, fabrique de la chaux ou des briques pour les livrer au commerce; à l'éducateur des vers à soie qui achète des cocons et en vend la soie après les avoir filés; au propriétaire ou fermier qui vend des bestiaux autres que ceux élevés, entretenus ou engraissés sur son exploitation, et à l'engraisseur qui n'exploite aucun terrain.

PASSAGE SUR LE TERRIAN D'AUTRUI

En principe, nul n'a le droit de passer, même à pied, sur la propriété d'autrui, sans le consentement du propriétaire. Le droit de propriété étant inviolable et sacré, le fait de passage, sans autre circonstance, est même considéré par la loi comme une contravention passible des peines de simple police, si le terrain est préparé ou ensemencé.

Quelque absolue que soit cette règle, elle souffre néanmoins une exception, lorsqu'un chemin est impraticable. Si donc un voyageur, c'est-à-dire toute personne obligée de passer, fût-elle de la commune, déclôt un champ pour effectuer un passage auquel le mauvais état du chemin s'oppose, et, si par suite elle est citée pour ce fait, elle peut opposer l'impraticabilité du chemin ; dans le cas où son exception est reconnue fondée, elle est renvoyée de l'action, et les frais de reclôture restent à la charge de la commune.

C'est par application de ce principe qu'il a été jugé que, lorsqu'un chemin public est impraticable, par une raison de force majeure quelconque, le passage peut être pris sur les héritages voisins, et que, dans ce cas, les propriétaires riverains n'ont d'action que contre la commune propriétaire du chemin. (Cass. 21 juin 1840, 27 juin 1845).

Le fait de passer sur un terrain préparé pour être ensemencé, c'est-à-dire labouré, lors même que l'ensemencement ne devrait avoir lieu que sur les labours subséquents, est passible d'une amende de 1 à 5 francs. — Dans le cas où le terrain n'est ni préparé ni ensemencé, le passage peut donner lieu à une action en dommages-intérêts s'il a causé un préjudice quelconque, mais il n'entraîne l'application d'aucune peine. (Cass. 29 messid. an VIII).

Décidé que les prairies naturelles, étant en état de production permanente, sont considérées en tous temps comme des terrains préparés ou ensemencés, et que le fait de s'y introduire entraîne l'application de l'art. 471, n° 13, bien qu'alors l'herbe fût récoltée et qu'aucun dommage n'eût été causé. (Cass. 26 mai 1836, 4 déc. 1847).

Lorsque le passage (à pied ou avec bestiaux et voitures) a eu lieu sur un terrain chargé de grains en tuyau, de raisins ou autres fruits mûrs, ou voisins de la maturité (peu importe qu'il ait été effectué en traçant un sentier ou en suivant un sentier déjà tracé); ou s'il a lieu avec bestiaux, animaux de trait, de charge ou de monture, sur le terrain d'autrui, ensemencé ou chargé d'une récolte, en quelque saison que ce soit, ou dans un bois taillis appartenant à autrui, l'amende est de 6 à 10 francs. (C. pén. 475, n° 9 et 10).

Cette disposition n'est pas applicable au cas où le propriétaire d'un terrain enclavé a passé, pour la culture de son héritage et l'enlèvement de ses récoltes, par le terrain d'autrui sans son consentement, mais si ce fait ne donne pas lieu à l'application de l'art. 475, n° 9 et 10, il soumet son auteur à une action en dommages-intérêts à raison du préjudice par lui causé. (Cass. 25 août 1836).

PATURAGE

On appelle ainsi le droit de faire paître les bestiaux sur certains fonds autrement qu'à titre de propriétaire.

On distingue le pâturage vif, ou la vive et grasse pâture, du pâturage vain ou de la vaine pâture. — Le pâturage vif donne le droit de faire percevoir par les bestiaux des herbes ou des fruits susceptibles d'être récoltés ou vendus, il s'exerce ordinairement sur les prés, marais, bruyères, landes et pâtis susceptibles d'un revenu appréciable et appartenant à autrui; sur les pâturages communaux et dans les bois et forêts.

Le pâturage vif, sur des terrains d'autrui, constitue une servitude discontinue qui ne peut résulter que d'un titre émané du propriétaire du terrain sur lequel le droit s'exerce; sous l'empire du Code, une possession immémoriale, et même la destination du père de famille seraient insuffisantes pour l'établir.— Dans les pays où la coutume le permettait, le droit de pâture vive et grasse, acquis par prescription avant le Code, doit être respecté aujourd'hui, la prescription, dans ce cas, équivalant à titre.

Le titre constitutif pour le droit de pâturage acquis depuis le Code en règle d'exercice; en cas de difficulté, c'est aux tribunaux à prononcer.— Si le droit a été acquis par prescription avant le Code, son exercice est réglé par les usages locaux.

Il n'est pas permis de changer la nature du terrain soumis au pâturage vif, sans le consentement des usagers ; toutefois le propriétaire peut utiliser son terrain comme il le juge à propos, pourvu qu'il ne diminue pas l'usage de la servitude ; par exemple, il peut planter des bordures d'arbres fruitiers ou forestiers.

A défaut de stipulations contraires dans le titre ou de défense résultant des usages locaux, le pâturage vif s'exerce en tout temps, au gré des usagers, les produits en herbes pâturales du terrain grevé étant affectés en entier au pâturage.

Le droit de pâturage, concédé à titre de servitude, n'est susceptible ni de location ni de cession isolée de la part de l'un ou plusieurs de ceux qui y ont droit ; il ne peut non plus être racheté contre le gré des usagers; mais le propriétaire du fonds servant, de même que l'usager, a le droit de demander le cantonnement en vertu des lois des 19 septembre 1790 et 28 août 1792.

Le mode de jouissance et la répartition des pâturages communaux sont réglés par les conseils municipaux (loi du 18 juillet 1837), qui ont le droit de remplacer les anciens usages par des règlements nouveaux et qui peuvent même enlever les biens comnunaux à la jouissance des habitants pour les donner ferme ou établir une cotisation entre les ayants-lroit à la jouissance.

Le pâturage, dans les bois et forêts de l'État ou des établissements publics, est réglé par les dispositions du Code forestier.

RESPONSABILITÉ DES ANIMAUX

Le propriétaire d'un animal, ou celui qui s'en sert pendant qu'il est à son usage, est responsable des dommages que l'animal a causés, soit que l'animal fût égaré ou échappé. (C. Napoléon 1285).

CINQUIÈME PARTIE

CONSEILS UTILES

CINQUIÈME PARTIE

CONSEILS UTILES

UNE ÉCURIE EN MAUVAIS ÉTAT

Nous ne saurions trop recommander aux cultivateurs de lire avec la plus sérieuse attention l'historiette suivante ; ils y trouveront un enseignement duquel ils ne manqueront pas de faire leur profit.

Il vient de se passer, dans un village des environs, un fait dont la moralité peut servir d'enseignement à certains cultivateurs. Un propriétaire dont l'écurie regorgeait de bestiaux, voyait ses plus belles bêtes périr sans causes apparentes. Quelque méchant voisin, pensait-il, avait répandu la mort sur son étable, et, pour conjurer les effets du maléfice, il avait eu recours aux prières et aux exorcismes. Mais Satan tenait bon et résistait victorieusement aux moyens qui ont d'ordinaire la vertu de le mettre en fuite. Toutefois, comme il est établi dans le code de la sorcellerie que le sort peut être levé par un sorcier plus puissant que celui qui l'a jeté, notre homme s'adresse à un rebouteur en réputation dans le pays.

Le grand-prêtre de l'esprit du mal examina les lieux, traça des caractères cabalistiques sur les murs, et après avoir récité quelques psaumes de la messe noire, il ordonna de pratiquer de petites ouvertures dans les endroits qu'il avait indiqués. Cela fera de l'effet comme un emplâtre sur une jambe de bois, disaient les vieilles femmes ; le propriétaire croyait à une mystification et songeait déjà aux moyen d'esquiver le payement de l'ordonnance. Mais, ô miracle ! peu de jours après la cérémonie satanesque, un mieux sensible vint se manifester sur les hôtes de l'étable et arrêter les progrès de l'incrédulité. Le rebouteur continua ses simagrées avec l'onction et la conviction exigées, et ses malades revinrent à la santé, sans topiques, saignées ni purgations : bœufs, vaches et génisses gambadaient comme des prisonniers qu'on vient de rendre à la liberté.

Le triomphe de la médecine du diable serait demeuré intact si un esprit fort, — il y en a partout, — n'avait cherché à se rendre compte du changement favorable survenu si vite dans l'état sanitaire des ruminants. Il reconnut que les animaux entassés dans l'écurie manquaient d'air, et que les émanations délétères du fumier et des urines, jointes à cette cause capitale, y avaient développé la mortalité. Le rebouteur, en homme qui sait qu'une bonne hygiène vaut mieux que toutes les drogues du monde, avait pour tout remède, fait établir des courants qui renouvelaient l'air ayant acquis des qualités nuisibles par un trop long séjour dans ce foyer d'infection. Et voilà comment avec une écurie saine, d'une aération facile, les cultivateurs peuvent devenir sorciers eux-mêmes, sans dangers pour leur âme, mais avec profit pour leur bourse et augmentation de bien-être pour les compagnons de leurs travaux. (*La Ferme.*)

EMPLOI DU CHLORURE DE CHAUX DANS LES ÉTABLES

Personne n'ignore que le chlorure de chaux est employé avantageusement à combattre les épizooties; mais on sait beaucoup moins généralement que son odeur déplaît à un grand nombre d'animaux. Toutes les espèces de mouches, et surtout les mouches piquantes, peuvent par son emploi, être chassées d'une écurie en une seule nuit. Il suffit pour cela de placer un peu de ce chlorure sur une planche suspendue à une certaine hauteur et de laisser entr'ouverte une fenêtre, que l'on doit avoir soin de fermer le lendemain de bonne heure. Ce chlorure, loin de nuire au bétail, est, au contraire, utile par son influence sur les miasmes. Il va sans dire que l'on doit employer ce moyen souvent, par exemple au moins une fois par semaine, ce qui est d'autant plus facile qu'il n'exige que très-peu de dépenses et de préparatifs. Une pièce où se trouve du chlorure de chaux est aussitôt désertée par les rats et les souris, et on en a fait l'expérience avec un succès étonnant dans un vaste hôtel de Nuremberg. Le chlorure de chaux préserve aussi parfaitement les plantes des insectes, et il a suffi d'en arroser des champs de choux pour mettre en fuite les puces de terre, les chenilles et les papillons. Pour cela, on fait un lait de ce chlorure et l'on en asperge les plantes avec un balai, autant que possible le soir, et le matin de bonne heure. On a vu une pièce de terre ainsi préparée être complétement épargnée par les chenilles, tandis que les pièces environnantes étaient entièrement dévastées. Lorsque l'on veut s'en servir pour éloigner les chenilles des arbres fruitiers, on en prend une partie que l'on mêle avec une demi-partie de saindoux, et l'on forme du tout une pâte que l'on enveloppe dans de l'étoupe et que l'on suspend autour du tronc de l'arbre. Toutes les chenilles se laissent tomber des branches et ne tendent pas de remonter par le tronc. Les papillons mêmes fuient l'arbre dont les feuilles ont été aspergées d'eau chlorurée.

C'est là, il faut l'avouer, un moyen bien facile et bien peu dispendieux, et quand nous songeons à l'état où, pour la plupart du temps, les habitants de la campagne laissent leurs vaches à l'étable, où l'air est infecté par le long séjour du fumier et dans laquelle les mouches, les cousins, les dévorent et ne leur laissent pas un instant de repos, nous croyons rendre un véritable service d'en recommander instamment l'essai. (*La Ferme.*)

ONGUENT POPULEUM POUR LES BESTIAUX

Cet onguent, appelé aussi pommade de peupliers, est fréquemment employé dans la médecine vétérinaire, et coûte fort cher chez les pharmaciens ; il est donc bon que les cultivateurs sachent le préparer eux-mêmes ; voici la manière de procéder : prenez 250 grammes de feuilles fraîches de pavôt, le même poids de feuilles de belladonne, autant de feuilles de jusquiame, autant de feuilles de morelle noire ; pilez tout cela dans un mortier de marbre et faites cuire à petit feu dans une bassine, avec 2,000 grammes de saindoux frais. Lorsque toute l'humidité est partie en vapeur, ajoutez à la pommade 575 grammes de bourgeons secs de peupliers, c'est-à-dire de boutons à feuilles recueillis au printemps, avant qu'ils soient développés, quand ils sont encore gluants, poisseux; au bout de trois ou quatre heures retirez du feu; passez le tout dans un linge, laissez refroidir pour séparer le dépôt; fondez de nouveau la pommade sur le feu et coulez-la dans des pots. On se sert ordinairement de cet onguent contre les engorgements douloureux des chevaux.

MANIÈRE AVANTAGEUSE ET ÉCONOMIQUE D'ENGRAISSER LES BESTIAUX

Une manière aussi avantageuse qu'économique d'engraisser les bestiaux, consiste à leur donner du fourrage haché ou coupé, qu'il soit vert ou sec, et arrosé d'une bouillie cuite, composée d'un tiers de farine de céréales ou de légumineuses, principalement de farine de pois, de haricots, de fèverolles, de maïs, de seigle et d'orge. D'après les observations de M. Marshall, cultivateur anglais, un animal de 300 kilogrammes consommerait par jour 1 kilogramme de farine de graine de lin, mêlée de 1 à 2 kilogrammes d'autres farines, le tout arrosé d'eau.

Cet agronome donne son fourrage deux fois par jour, et pendant qu'il est encore chaud ; le fourrage sec, que la bouillie sert à arroser, entre dans la nourriture du gros bétail pour 5 kilogrammes ; on y ajoute environ 30 kilogrammes de racines fourragères coupées. Il est bon de donner aux animaux un peu de paille dans l'intervalle des repas.

EMPLOI DU MARC DE RAISIN ET DU MARC DE POMMES A LA NOURRITURE DES BESTIAUX

Quand les vignes donnent une grande abondance de raisin, le marc, après avoir été pressuré, peut servir de nourriture aux bestiaux. 12 kilogrammes de marc et un peu de paille suffisent pour la nourriture d'une bête pendant vingt-quatre heures. Les vaches ainsi nourries se portent bien et donnent du lait abondamment. Il y a donc économie à employer ainsi ce résidu du pressurage, car 60 kilogrammes (120 livres) de marc ne produisent à la distillation que 3 litres d'eau-de-vie, qui, au prix courant, ne rapporteront que 1 franc 10 centimes ; pour cette somme on peut nourrir cinq vaches pendant une journée.

M. de Villepoin assure que le marc de pommes est la meilleure nourriture que l'on puisse donner aux bêtes à cornes et aux porcs.

On peut établir qu'entre le marc de pommes obtenu par la méthode ordinaire et le marc fermenté il y a, pour l'animal, la même différence de goût et de résultat alimentaire qu'à notre égard il pourrait y avoir entre la pâte crue et le pain cuit qu'elle produit. C'est cette différence, judicieusement appréciée par M. de Villepoin, qui l'a sans doute déterminé à substituer au marc ordinaire de pommes, naturellement fade et insipide, le même marc amené deux fois à l'état vineux par la fermentation.

Sur 10 hectolitres de pommes que M. de Villepoin fait broyer, il verse à l'ordinaire 50 litres d'eau; on remet ce mélange en cuve pour subir une fermentation de trois jours; il presse ensuite pour retirer à peu près 160 litres de cidre. Déjà cette fermentation est la mieux raisonnée, nous n'hésitons pas à l'affirmer; dût-il en résulter un cidre plus coloré, il sera meilleur et plus de garde.

Après le pressurage, ce marc, émietté avec soin, est remis à la cuve en l'humectant d'une quantité d'eau suffisante, égale par exemple aux 160 litres recueillis en cidre; disposé de la sorte, il éprouve une nouvelle fermentation, et peut se conserver dix jours sans aucune altération. Quelle serait d'ailleurs cette altération? la fermentation acide : elle est agréable et utile à tous les animaux domestiques, et indispensable pour ceux que l'on destine à l'engraissement.

M. de Villepoin fait distribuer cet aliment aux vaches par portion d'un décalitre, et aux porcs d'un demi-décalitre.

Toujours les aliments fermentés sont plus salutaires et plus nourrissants que ceux qui ne l'ont pas été ; ce n'est que parce que les fourrages secs ont dégagé pendant leur fermentation la majeure partie de leur acide carbonique qu'ils cessent d'être nuisibles, car c'est ce même gaz qui cause la météorisation des animaux.

CUISSONS DES RACINES DESTINÉES AUX BESTIAUX

La cuisson des racines dont on nourrit les bestiaux offre des avantages qui ne sont presque plus contestés, surtout pour les pommes de terre. Aujourd'hui toute la question se réduit à chercher les moyens les plus économiques pour opérer en grand cette cuisson. Voici un procédé employé par M. Lamade de Playac, qui réussit parfaitement. Il place sur un fourneau économique une chaudière en fonte sur laquelle s'ajuste une barrique défoncée par le bas et percée d'une petite ouverture circulaire dans le haut. Après avoir empli la chaudière de pommes de terre, il y verse autant d'eau qu'elle peut en contenir, puis il lute avec du vieux linge la barrique dont nous avons parlé et il la remplit de racines au moyen de l'ouverture supérieure, il ferme cette ouverture par une rondelle en bois assujettie avec une pierre. Un feu léger de fagot suffit pour cuire le tout en moins de deux heures.

Quant à l'administration des racines comme fourrage, voici les quantités telles que M. de Dombasle les a déterminées dans une lettre à M. le comte de Thiars :

Pour les bêtes à cornes d'élève, comme pour les vaches laitières, il n'y a pas d'inconvénient à remplacer les trois quarts au moins de la ration en foin par des betteraves ou des carottes. Pour des bœufs soumis à un travail un peu rude, je pense qu'il vaut mieux conserver la moitié de la ration en foin. Quant aux pommes de terre, surtout si on ne les fait pas cuire, il y aurait de l'inconvénient à les faire entrer dans la ration pour les trois quarts; dans ce cas seulement il serait utile de les associer à d'autres racines, dans la proportion de moitié des unes et des autres.

« 20 livres de foin sont une ration trop faible pour un bœuf de forte taille, si on le soumet à un travail de 8 à 9 heures par jour. Une addition de 6 à 10 litres d'avoine, ou de 4 à 6 litres de féveroles, ou de 2 ou 3 kilogrammes de tourteaux de lin ou de colza, me paraitrait indispensable pour que le bœuf ne maigrit pas dans le travail. Mais si aux 20 litres de bon foin on ajoute 20 ou 30 livres de racines, l'animal sera généralement bien nourri, sans recevoir de grain, pourvu que le travail ne soit pas forcé, et avec du grain on pourra toujours en tirer plus de travail.

REMÈDE CONTRE LES COLIQUES DES CHEVAUX

1° On prendra un huitième de litre d'eau-de-vie, ou autre spiritueux assaisonné d'une cuillerée à café de poivre et mêlée à un quart de litre de lait ou d'eau chaude. Ce remède procurera un soulagement subit. Si le mal n'était pas vaincu en 20 ou 30 minutes, on renouvellerait la dose, une seconde et même, s'il en était nécessaire, une troisième fois; on agira plus puissamment en prenant 4 onces d'esprit de térébenthine avec le double d'huile d'olives; mais si le cheval a trop grande aversion pour les médicaments, il n'est pas toujours prudent de lui donner de la térébenthine. Il y a cependant un autre remède meilleur encore, qu'on devrait toujours avoir en réserve dans les établissements où il y a plusieurs chevaux de traits. Prenez : 1 litre d'eau-de-vie, ajoutez-y 4 onces d'extrait de nitre, faites y infuser 3 onces de gimgembre en morceaux et 3 onces de girofle qu'on y laisse, bien que le liquide seul doive être administré; au bout de 8 jours, le médicament est prêt; mettez la bouteille de côté de manière à pouvoir la trouver à tout instant. La dose à employer est de 6 onces dans 1 litre de vin ou d'eau chaude, toutes les 15 ou 20 minutes jusqu'à guérison.

2° *Elixir calmant contre les coliques et les indigestions des chevaux.* (Le Bas.) Aloès 2 parties, racine de gentiane 2 parties, rhubarbe indigène 2 parties, écorces d'oranges 2 parties, safran gâtinais 1/2 partie, thériaque 3 parties, Éther sulfurique 6 parties, alcool à 22° 64 parties. On concasse dans un mortier les quatre premières substances qu'on mêle ensuite dans l'alcool avec le safran, la thériaque et l'extrait de pavot; on laisse macérer pendant plusieurs jours ce mélange, en ayant soin de l'agiter le plus souvent possible; on le passe ensuite sur une toile avec expression; on filtre après la liqueur; on y ajoute l'éther sulfurique et on le conserve dans un vase bien bouché. Cet élixir est très employé contre les coliques, les indigestions, et pour faciliter le délivre des vaches. Il est tonique, amer et anti-vermineux; on l'administre au cheval et au bœuf dans un litre d'eau ou de vin, à la dose de 100 à 125 grammes.

EMPLATRES POUR LES VIEILLES FOULURES, LE BOITEMENT DES CHEVAUX

Poix de Bourgogne 125 grammes, poix commune 125 grammes, cire jaune 60 grammes, goudro 200 grammes.

Faites fondre le tout, et appliquez le mélange su la partie ou sur les parties, quand il est entièrement fondu et encore chaud et liquide. On met par-dessus un peu d'étoupes courtes et cela avant que l'emplâtre soit refroidi ; elles s'y attachent et forment sur elle une couverture épaisse.

Cet emplâtre, ainsi recouvert, sert à la fois de support à la partie et de bandage permanent. Il ne peut jamais faire de mal et beaucoup de vieilles foulures, de boitements et d'affections rhumatismales ont été guéris complètement par ce moyen. On le laisse sur la partie pendant deux ou trois mois, afin d'assurer son plein succès. Lorsque l'emplâtre a été mis en place, on peut envoyer l'animal aux champs.

TRAITEMENT DES COLIQUES DETERMINÉES CHEZ LES CHEVAUX PAR LES PELOTES STERCORALES

Les coliques stercorales sont, après les coliques inflammatoires, celles qui sont les plus graves et les plus difficiles à guérir. Elles sont déterminées par un amas de matières alimentaires mal digérées, qui s'accumulent en masse et forment une pelote plus ou moins volumineuse, plus ou moins dure, qui s'arrête le plus ordinairement dans les courbures du colon ou dans les bosselures de sa portion flottante, à peu de distance du rectum, distend la portion du tube intestinal où elle existe, finit par l'obstruer, et détermine dans cet endroit une vive inflammation qui passe bientôt à l'état de gangrène.

Les symptômes causés par les pelotes stercorales n'ont pas une marche constante et régulière. Ils sont, en général, beaucoup moins violents que dans la plupart des autres espèces de coliques. L'animal ne commence à se tourmenter d'une manière remarquable qu'au moment où la pelote a acquis assez de volume pour presser les parois de l'intestin. C'est alors que le cheval regarde son flanc, se couche et se relève de temps à autre. L'appétit n'est pas entièrement perdu.

Bientôt apparait le météorisme, qui augmente considérablement; les déjections alvines sont entièrement supprimées, et la mort est précédée d'un état d'abattement extraordinaire.

L'introduction de la main dans le rectum suffit pour faire reconnaître l'existence de la pelote stercorale lorsqu'elle se trouve à la courbure pelvienne du gros colon, ou dans les dernières bosselures de sa portion flottante. La durée de la maladie ne dépasse guère sept ou huit jours. A l'ouverture du cadavre on trouve, enchatonné dans une des bosselures de la partie flottante du colon, un amas de matières stercorales mal élaborées, qui forment une pelote très-dure et très-consistante. La membrane muqueuse correspondante est épaissie, noire, et comme sphacelée. Les causes de cette maladie sont nombreuses; les vieux animaux y sont en général les plus exposés, sans doute, parce que la mastication est chez eux plus imparfaite. Mais ce qui donne lieu surtout à la formation des concrétions stercorales, ce sont certains aliments, tels que les feuilles vertes de quelques végétaux, et plus particulièrement le son, celui surtout qui est entièrement privé de principes farineux.

Voilà le mal; voici maintenant le remède:

Le remède le plus efficace, on pourrait presque dire spécifique, des coliques déterminées par des pelotes stercorales, est l'émétique. On en fait dissoudre 2 grammes, 2 grammes 1/2 dans un breuvage émollient, et on fait prendre celui-ci en une seule fois. Si, au bout de dix à douze heures, il n'est pas survenu d'évacuations alvines, on recommence à donner 1 gramme 1/2 d'émétique dans un nouveau breuvage. Il est rare qu'il faille y revenir une troisième fois. On aide l'action de cet émétique en lavage par des lavements émollients souvent répétés.

NOUVEAU PROCÉDÉ POUR GUÉRIR LES CHEVAUX DE LA FOURBURE

Ayant remarqué que les chevaux ferrés et qui habitent une écurie pavée sans litière, guérissent plus tôt de cette maladie que les chevaux soumis à un régime opposé, on imagina de pratiquer une forte compression sur la partie inférieure du pied. — Toutes les fois qu'un cheval est affecté de la fourbure, on lui fait appliquer un fer à plaque maintenue par quatre ou cinq clous, de manière que la compression s'exerce également, sur tous les points de la sole. Avant de fixer les plaques, on fait remplir exactement tout l'espace compris entre la lame et la sole avec des étoupes imbibées d'eau salée et de vinaigre dans une égale proportion.

La partie postérieure de la plaque est recourbée de

bas en haut et percée de deux trous qui servent à fixer une ligature qui entoure la moraille et la comprime fortement à sa partie supérieure. On prescrit en même temps un régime rafraîchissant et des bains froids partiels. Quand l'inflammation a beaucoup d'intensité, on opère une saignée. Au bout de quelques jours, l'animal est parfaitement guéri. On peut alors enlever l'appareil. La compression peut aussi se pratiquer après une saignée à l'extrémité.

VERRUES, EAUX AUX JAMBES OU GRAPPES

Qui ne connait cette maladie dégoûtante qui affecte les extrémites inférieures des ânes, des mulets, mais surtout des chevaux, et qui est caractérisée par un écoulement de sérosité fétide et sanieuse, donnant lieu quelquefois à des excroissances, à des callosités vulgairement appelées *grappes*, *verrues*.

Le traitement, fort simple, consiste surtout dans les soins d'une excessive propreté. Ainsi, les poils sont coupés aussi près que possible de la peau et chaque fois que besoin est; les lotions de décoctions de graines de lin ou de mauve, les bains émollients doivent être fréquemment renouvelés, puis les parties essuyées et presque séchées. Une, deux ou trois saignées sont pratiquées aux veines des membres, en proportionnant la quantité de sang qui doit être évacuée à l'état de rougeur, de chaleur et de couleur de la peau. Des sétons sont appliqués au poitrail ou aux fesses suivant que les membres malades appartiennent au train postérieur ou à l'avant-train, et la suppuration entretenue aussi abondamment et aussi longtemps que possible. Les premiers symptômes d'inflammation disparus, on ajoute à la décoction de graines de lin ou de mauve de l'extrait de Saturne (sous-acétate de plomb liquide) ou de savon. Ces nouvelles lotions sont continuées jusqu'à ce qu'il n'y ait plus d'inflammation à la peau ; jusqu'à cessation presque complète et absence de l'odeur infecte de l'écoulement de la sérosité. On ne s'en sert plus alors que pour approprier les membres et maintenir la souplesse qui est revenue à la peau ; mais celle-ci, bien nettoyée, bien détergée, bien séchée, reçoit immédiatement une légère application d'une mixture ainsi composée : vinaigre, 1 litre, onguent égyptien, 33 grammes, sulfate de zinc, 32 grammes, alun calciné, 16 grammes, sous-acétate de plomb liquide, 32 grammes. L'emploi de cette préparation doit être réitérée trois ou quatre fois par jour; on la rend moins active d'abord, si on le juge convenable, en y ajoutant une certaine quantité d'eau, et on la fait plus forte en augmentant la dose des différentes subsstances qui les constituent. Au bout de quelques jours, il n'y a plus aucun symtôme de maladie ; l'animal qui travaille déjà depuis quelque temps, conserve encore les sétons que l'on fait bien d'animer avec des cantharides, ou l'essence de térébenthine. On peut alors avec succès changer le mode de vitalité des parties qui ont été atteintes en les cautérisant par des procédés ordinaires; seulement il ne faut pas négliger de faire, pendant tout le temps que durent les effets primitifs du feu, deux ou trois applications par jour de la mixture, en s'y prenant toujours de la même manière.

COMMENT IL FAUT TRAITER LES CHEVAUX VICIEUX

Si votre cheval est rétif, s'il a un caractère de mulet, s'il couche les oreilles en vous voyant approcher, s'il cherche à ruer, c'est qu'il n'a pas pour l'homme ce respect craintif qui est nécessaire pour que vous puissiez arriver vite à le manier à votre volonté. Il sera bon, dans ce cas, de commencer par lui donner quelques bons coups de fouet sur les jambes, tout près du corps; et, tournant autour de ses membres, le fouet claquera, et ce bruit lui fera autant d'effet que le coup lui-même. En outre, un coup bien appliqué sur les jambes en vaudra plusieurs sur le dos, car la peau est plus fine et plus délicate à l'intérieur des membres et sur les flancs que partout ailleurs. Mais ne le battez pas plus qu'il n'est nécessaire pour lui inspirer une crainte salutaire ; vous ne le fouettez pas pour lui faire du mal, mais seulement pour lui faire oublier ses mauvaises dispositions. Quoi que vous fassiez, du reste, faites-le vivement, nettement, mais toujours sans colère. N'engagez pas une bataille avec votre cheval; ne le fouettez pas jusqu'à ce qu'il se mette en colère et qu'il se batte avec vous; il vaudrait mieux ne pas le toucher du tout, car par cette conduite vous lui inspireriez non la crainte et le respect, mais des sentiments de haine, de rancune et de mauvaise volonté. Si vos coups ne l'effrayent pas, ils seront plus nuisibles qu'utiles; mais si vous réussissez à vous en faire craindre, vous pourrez le fouetter sans le rendre furieux, car la crainte et la colère n'existent jamais à la fois, et dès qu'il ressent l'une, l'autre disparait.

Dès que vous aurez obtenu de lui de se tenir tranquille et de faire attention à vous, approchez-vous de lui et caressez-le beaucoup plus que vous ne l'avez fouetté. Vous exciterez ainsi en lui les deux sentiments principaux qui le guident : l'amour et la crainte. Dès qu'il vous aimera tout en vous craignant, vous n'aurez plus qu'à lui faire comprendre ce que vous voulez : il le fera.

DE LA VACHE

Il est bon de rappeler les bons conseils. A ce titre, nous ne pouvons mieux choisir que les lignes suivantes de Jacques Bujault, le célèbre laboureur vendéen.

L'animal le plus utile et aussi le plus nombreux, dit-il, c'est la vache; — elle fait un petit veau, donne du lait, du beurre et du fromage. — Elle travaille, fournit de la viande de boucherie; son suif sert à éclairer, sa peau fait des souliers.

Elle donne de 110 à 150 francs de profit par an.

AGE DE LA VACHE. — De 3 à 4 ans, il se forme un petit bourrelet à chaque corne; de 4 à 5 ans, il y en à deux; de 5 à 6 ans, trois; ainsi chaque année, le nombre augmente d'un. — La vache qui a deux bourrelets autour des cornes à 5 ans.

Comptez les bourrelets et ajoutez 3 années à leur nombre, c'est l'âge de la vache comme celui du bœuf.

DE LA VACHE LAITIÈRE. — La vache de labour est forte et bâtie comme un bœuf; elle n'est pas ordinairement laitière.

La vache à lait a le ventre gros et abattu, les hanches larges, le cou fin, la tête légère et les jambes minces.

De chaque côté du ventre et un peu au-dessous il y a une veine qui porte le lait au remeil! En approchant du remeil, cette veine se divise et forme un trou qu'on nomme la fontaine. Il faut que cette veine soit grosse et que la fontaine soit large. Suivez-la avec le doigt, enfoncez-le dans la fontaine.

Le rémeil doit être ample, les tétines doivent être grosses et longues.

Il ne faut pas que le remeil soit bien garni de poils; le plus lisse est le meilleur.

DE LA VACHE BEURRIÈRE. — La bonne vache laitière est rarement bonne beurrière. — Choisissez. Tirez un peu de lait dans la main ou dans une vase; si le lait est clair et bleuâtre sur les bords la vache n'est pas beurrière. — Mais elle le sera si le lait est épais et d'un blanc jaunâtre.

La vache a-t-elle le palais et la langue noirs? C'est un bon signe. Mais s'ils sont blancs, ne vous y fiez pas. — Sont-ils tâchetés de noir et de blanc, la vache beurre médiocrement.

Un très-petit nombre a le *carreau*. Tâtez cette peau qui tombe entre les jambes de devant de la vache; s'il y a au bas une dureté, c'est le *carreau*, marque certaine d'une bonne beurrière.

Je vous avertis que les maquignons soufflent le remeil des vaches et le remplissent d'air pour qu'il paraisse plus gros. — Prenez le remeil, trayez la vache, pour découvrir la fraude (J. Bujault, laboureur).

NÉCESSITÉ DE TRAIRE LES VACHES A FOND

On voit fréquemment, dans les fermes d'une certaine importance, des vaches, même parmi les meilleures laitières, perdre subitement un ou deux de leurs trayons.

Cet accident, que l'on attribue le plus souvent à un état maladif ou à un vice de constitution de l'animal, n'est dû, dans la plupart des cas, qu'à la négligence ou au manque d'aptitude des personnes auxquelles est confié le soin de la traite.

Quoique l'art de bien traire n'offre pas de sérieuses difficultés, ce n'est pourtant pas l'affaire du premier venu. Un grand nombre de domestiques s'acquittent fort mal de ce travail, ceux-ci par insouciance, ceux là par défaut d'habitude. Ils n'extrayent des organes lactifères qu'une partie du liquide qui s'y trouve élaboré. La paresse des uns, l'incurie des autres conduisent infailliblement aux résultats fâcheux que voici :

Une portion plus ou moins considérables du lait formé, celle qui est la plus riche, la plus butyreuse, est laissée, en pure perte, dans le pis ou dans les vaisseaux qui lui apportent les éléments de la sécrétion laiteuse. Le pis et les vaisseaux sus-mentionnés, vulgairement appelés veines mammaires, imparfaitement épuisés de leur contenu, ralentissent leurs fonctions, produisent de moins en moins, jusqu'à ce qu'arrive enfin la stérilité plus ou moins complète, selon qu'elle se révèle par la perte totale d'un ou plusieurs trayons. Or, on estime généralement que la paralysie d'un mamelon chez une vache réduit sa valeur, comme bête laitière, d'un cinquième ou d'un quart, attendu que, dans l'opinion des connaisseurs, cet état d'infécondité n'est point passager, mais définitif et irrémédiable (A. Bernet *La Feuille du cultivateur*).

MOYEN RECOMMANDÉ PAR M. JANET POUR L'ENGRAISSEMENT DES VACHES

On divise des pommes de terre à l'aide du coupe-racines, on en place un lit dans un cuvier, puis on recouvre avec un lit de son ; sur ce son on place de nouveau des pommes de terre, puis encore du son, et ainsi de suite jusqu'à ce que le cuvier soit rempli. Alors on le couvre et on le laisse dans un lieu dont la température n'ait pas moins de dix degrés centigrades. Au bout de quarante-huit heures on sent une odeur d'esprit de vin qui se dégage de la masse et qui indique que la fermentation s'opère. A ce moment, on mélange bien les pommes de terre et le son et on les donne à manger au bétail. Les vaches, assure-t-on, sont très-friandes de cette nourriture et leur lait acquiert une qualité remarquable. Un huitième d'hectolitre de pommes de terre, moitié moins de son et deux ou trois kilogrammes de paille hachée, suffisent largement pour l'alimentation d'une vache ordinaire. Nous ferons remarquer en passant qu'il ne faut point se servir de pommes de terre germées.

A QUOI L'ON RECONNAIT QU'UNE VACHE EST PLEINE

Lorsqu'il s'agit d'une génisse, on extrait un peu de la sérosité qui est contenue dans le pis et on la frotte avec le doigt dans le creux de la main; si elle est consistante, gluante, on peut en conclure avec sûreté que la bête est pleine; elle ne l'est point si, au contraire, le liquide est comme de l'eau et ne présente pas de consistance filante. Plus la sérosité est épaisse, plus la grossesse est avancée.

Chez les vaches, on laisse tomber quelques gouttes de lait, récemment trait dans un verre d'eau de puits limpide. Si les gouttes se rendent promptement et sans se diviser au fond du verre, la vache peut-être considérée comme étant pleine; si, au contraire, elles se dissolvent et troublent l'eau, la vache ne l'est pas.

Pour les génisses, le signe est infaillible; pour les vaches, il présente encore quelque incertitude. Il serait à désirer que de nouveaux essais fussent entrepris afin d'élucider cette question, sur laquelle les agriculteurs les plus expérimentés se trompent encore souvent.

MOYEN DE SEVRER LES VEAUX

On a cru longtemps le lait indispensable pour élever les veaux; mais il n'en est rien; on peut remplacer cette nourriture de la manière suivante: on met du foin dans un vase, et l'on jette dessus de l'eau aussi chaude que possible; on recouvre ensuite le vase avec un couvercle de bois ou un drap pour maintenir la chaleur. La décoction de foin, ainsi opérée, est tirée à clair et donnée aux veaux, lorsqu'elle est descendue à la température du lait qu'on vient de traire.

Lorsque l'on veut soumettre les veaux à ce régime, il ne faut les laisser téter que trois ou quatre jours. Après ce temps, on leur donne la décoction de foin en y mêlant un peu de lait, pour les premiers jours seulement, et le supprimant peu à peu. On continue alors de les nourrir avec la décoction de foin pure et sans mélange.

NOURRISSAGE ÉCONOMIQUE DES VEAUX

Depuis plusieurs années on a adopté en Angleterre une méthode qui permet de nourrir quatre veaux avec le lait d'une seule vache. Cette méthode, qui mérite assurément d'être vulgarisée, consiste tout simplement en un mélange d'eau, de foin et de lait. On met dans une terrine, garnie d'un couvercle, du foin fin et doux, haché une ou deux fois et autant que le vase peut en contenir; on foule légèrement avec la main; on emplit le vase d'éau propre et bouillante et on le tient bien bouché. Deux heures après, l'eau a pris la force et les vertus du foin et une couleur brune comme une infusion de thé. Cette eau peut se conserver deux jours, même en été. Voici la manière de l'employer:

Trois ou quatre jours après que le veau est né, on lui donne une quantité ordinaire de breuvage pour un repas, et composé d'abord de 3/4 de lait et 1/4 d'eau de foin. Trois ou quatre jours après, on ne met que 2/3 de lait et 1/3 d'eau de foin. On doit donner à l'animal la portion matin et soir, tiède au degré de chaleur du lait de la vache. Au bout de quelques jours, on diminue encore la portion du lait de manière qu'au commencement du deuxième mois, la portion se compose de 3/4 d'eau de foin et 1/4 de lait. Il est bon alors d'ajouter une poignée de foin doux que l'animal mange petit à petit; ou mieux, si le temps est favorable on le met pâturer dans une bonne terre bien entourée de fossés et à l'abri du vent. On peut continuer le même régime pendant trois mois; mais vers la fin de ce temps, si le veau commence à bien pâturer on pourra mettre dans la portion d'eau de foin un peu moins de 1/4 de lait, et même on pourra se servir de lait écrèmé. Le troisième mois expiré, il suffira de donner au veau une fois par jour de l'eau de foin, même sans la chauffer, si c'est en été. La Société d'agriculure de Clermont (Oise), qui préconise cette méthode, dit que si, en France, on élevait ainsi les veaux, les cultivateurs ne seraient pas, dans la nécessité de les vendre immédiatement, comme ils sont en usage de le faire. Cette Société pense qu'il y aurait un très-grand bénéfice pour les éleveurs, et que, de plus, les consommateurs seraient assurés de manger de la viande de bonne qualité et d'un prix moins élevé.

FEUILLES D'ARBRES POUR ALIMENTER LES VACHES PENDANT L'HIVER

La vache mange les feuilles vertes en été; elle les mange également sèches pendant l'hiver. Lorsque le fourrage est rare, on ramasse pour les faire sécher, des feuilles jaunes, avec lesquelles on nourrit une vache, en les mêlant au breuvage ordinaire préparé avec du son et de l'eau chaude; l'eau bouillante rend aux feuilles une partie de leur fraîcheur. Il est essentiel de les ramasser chaque jour au moment de leur chute, afin qu'elles reçoivent le moins possible de pluie, parce qu'étant mouillées, elles n'ont plus de saveur.

On les sèche dans une grange ou hangar; quand le soleil paraît, on les met dehors sécher dans des draps pour les transporter plus facilement dans la grange au fourrage.

Pour la nourriture d'une vache, on fait bouillir dans un chaudron rempli d'eau:

Demi kilogramme de tourteau de navette; un quart de son, ou moins ou plus, selon comme on l'a abondamment. On met plein une grande corbeille de feuilles dans un cuveau, et on verse l'eau bouillante dessus en mélangeant le tout avec une spatule. La vache alimentée ainsi est forte et pleine de vigueur, ne laisse pas une feuille et mange toujours avec avidité.

Essences d'arbres dont on peut ramasser les feuilles :

Pommier, poirier, peuplier, orme, tilleul, vigne.

La feuille de vigne peut se recueillir avant sa chute, immédiatement après la vendange.

MOYEN DE RENDRE LES TAUREAUX DOCILES

Il faut, avant de les faire sortir de l'étable, leur retrousser la queue et l'attacher à leurs cornes à l'aide d'une corde. L'animal alors se trouve forcé de tenir la tête haute; sinon la tension à laquelle le moindre mouvement de haut en bas soumet les muscles de sa queue lui fait éprouver des douleurs poignantes. Cet expédient le rend tellement docile, qu'un enfant alors peut le conduire sans le moindre danger. On éviterait de cette façon les nombreux accidents auxquels le peu de soin qu'on a d'attacher les taureaux, expose ceux qui les conduisent soit aux champs, soit à la boucherie.

DESTRUCTION DE LA VERMINE CHEZ LES BÊTES BOVINES

L'onguent mercuriel, ordinairement employé dans les campagnes pour obtenir ce résultat, donne lieu à de fréquents accidents, surtout chez le bœuf et le chien. Or, un moyen bien simple, bien moins coûteux et absolument dénué d'inconvénients, c'est l'usage de la poussière provenant des meules que l'on taille. Répandu pendant quelques jours consécutifs sur les endroits de la peau où se tient la vermine, le détritus des meules à moudre fait périr avec certitude les parasites qui incommodent les animaux.

MALADIES DES VACHES

La vache est sujette à plusieurs maladies ; les plus communes sont : la diarrhée, ou la constipation, les indigestions, les coliques, la météorisation.

Lorsqu'une vache est atteinte de diarrhée ou de constipation, il faut en chercher la cause, changer ce qu'on croit avoir amené cette indisposition, assainir l'étable, donner une litière abondante et souvent renouvelée, varier les aliments, en diminuer la quantité. Si la maladie persiste, il est besoin d'appeler un vétérinaire; mais en attendant son arrivée, il sera bon de faire donner à la vache, quelques lavements faits avec des décoctions de feuilles de guimauve ou de mauve, de pariétaire ou de graine de lin.

Lorsque la vache se sent atteinte d'une indigestion, elle bâille, regarde son flanc, se roule, gratte la terre et refuse tout aliment; sa bouche est chaude, ses yeux larmoyants. — Le traitement consiste à administrer à l'animal quelques toniques, comme du vin chaud aromatisé avec de la canelle, du thym ou du girofle; on l'astreint, en même temps. à la diète la plus absolue. Si, après ces soins, la vache ne revient pas à son état normal, il est prudent d'avoir recours à un homme de l'art.

La météorisation, qu'on appelle aussi *tympanite*, est une indigestion gazeuse causée par la fermentation, dans le tube digestif, de plantes fraîches mangées avec avidité, telles que le trêfle, la luzerne; les pommes de terre crues, les navets et autres végétaux mangés trop avidement peuvent aussi déterminer cette maladie.

Lorsque la vache est météorisée son ventre gonfle surtout du côté gauche ; il résonne comme un tambour, l'animal ouvre les narines et la bouche, et respire difficilement.

Le traitement consiste à administrer à l'animal un breuvage très-salé, ou mieux encore 30 a 50 grammes d'alcali volatil (ou amoniaque liquide) dans un demi-litre d'eau, une cuillerée d'eau de javelle dans un litre d'eau, ou enfin un verre d'huile de noix ou de colza. Aux premiers symptomes de la maladie on fait marcher l'animal lentement. Si ces moyens ne réussissent pas, on a recours à un vétérinaire.

SOINS GÉNÉRAUX EN CAS DE MALADIE DES VEAUX

Les maladies dont les veaux sont le plus souvent atteints, sont : l'indigestion, le dévoiement, la constipation.

Indigestion. Si un veau refuse sa boisson, c'est qu'il a trop bu ou trop mangé et que sa digestion est difficile. La diète est le remède.

Dévoiement. Le remède au dévoiement est un verre de vin mélangé de moitié d'eau : on le fait avaler froid une demi-heure avant le repas. Quelques cultivateurs font usage du remède suivant : ils prennent soixante grammes d'amandes amères, les pilent et les font bouillir dans un demi-litre de lait, puis il donnent cette préparation au veau malade ; d'autres, lorsque la diarrhée n'est pas compliquée, se bornent à faire prendre au veau une certaine quantité d'œufs.

Si le dévoiement est persistant, le premier remède à employer est, lorsque le veau tète encore, de lui faire téter une autre vache, ou de changer la nourriture de la mère, à laquelle on ne doit plus donner que des aliments légers et rafraîchissants. Quand le veau boit au baquet, on mêle au lait de la farine de blé torréfiée, (c'est à dire rôtie grillée) ou bien de la farine de graine de lin. On peut. en dernier lieu, purger l'animal par l'emploi de quinze à vingt grammes de rhubarbe dans un demi-litre d'infusion de camomille ou de menthe poivrée.

Constipation. La constipation a généralement pour cause le séjour dans l'estomac d'aliments secs, foin ou regain. On la guérit avec des lavements émollients, le lait pur pour nourriture et la diète.

CLAVELÉE DES MOUTONS

Il n'est guère d'autre remède à ce mal dangereux, dont la contagion fait périr des troupeaux entiers, que l'inoculation du virus claveleux, dès que cette maladie se manifeste. Il faut donc s'empresser de recourir à un homme habile, et de prendre cette salutaire précaution. Le virus s'inocule par des piqûres à la face interne des cuisses ou de la jambe de devant.

COMMENT ON GUÉRIT LES MOUTONS DE LA CLAVELÉE

Prenez une certaine quantité de feuilles de rue; exexprimez-en le jus et ajoutez-y du sel en égale quantité. Si l'on s'aperçoit que quelques moutons sont en grand danger de gagner la clavelée, on leur donne une cuillerée de table de cette préparation une fois par semaine; et s'ils ne sont pas bien malades, une fois seulement tous les dix à douze jours. On reconnaîtra que c'est un excellent préservatif, et, au fait, on devrait toujours l'administrer aux agneaux comme précaution, quand ils sont en santé.

REMÈDE CONTRE LE PIÉTIN, DIVERSEMENT NOMMÉ PESOGNE, MAL BLANC, FOURCHUT

Le berger, aussitôt qu'il voit une bête boiter, même légèrement, doit examiner ses pieds avec attention, et s'il ne découvre aucune cause externe qui ait pu occasionner leur claudication, il pare légèrement le pied avec un rasoir de *manière à ne pas le faire saigner*. Il ne tarde pas à voir un point blanc à travers la corne devenue transparente, par ce que l'on en a retranché; alors avec un plumasseau, il laisse tomber une goutte d'eau forte sur ce point, et l'animal est guéri; on le remet à l'instant même avec les autres. Il est très-rare que l'on soit obligé de recommencer une seconde fois.

MOYEN DE PRÉVENIR LES COUPS DE SANG SUR LES MOUTONS

Cette maladie, qui saisit un animal très-bien portant, le fait quelquefois succomber en moins de deux heures. L'animal qu'on venait de voir paître avec appétit, y renonce tout à coup, marche péniblement, s'arrête, penche la tête, tend le cou, frissonne et meurt. L'ouverture des cadavres fait découvrir que cette maladie a une grande ressemblance avec l'apoplexie foudroyante, et que, comme elle, elle a été occasionnée par le sang; c'est ce qui a fait tenter la saignée avec un grand succès, non sur l'animal malade, pour lequel il est presque toujours trop tard; mais sur tout le troupeau, car la maladie d'une seule bête est un signe certain qu'il y en a un plus grand nombre d'attaquées. Il est donc prudent d'ouvrir, dès qu'on s'en aperçoit, la veine de chaque animal, et d'en tirer une quantité de sang relative à sa couleur et à son degré d'épaisseur. Le cultivateur, pou. peu qu'il soit éclairé, sait bien qu'un sang noir et épais indique de fortes dispositions à l'inflammation, et que le sang de couleur claire et limpide indique l'état de santé. Plusieurs cultivateurs ont l'habitude de baigner leur troupeau dès que quelques animaux sont attaqués ou ont succombé. Tout en croyant que ce moyen ne pourrait être nuisible, on peut hardiment affirmer qu'il n'est pas suffisant, et ne pourrait être tout au plus que secondaire, notamment afin d'entretenir la propreté, si nécessaire à la santé comme à la beauté des animaux. La cause de la maladie doit être attribuee à trop de nourriture et surtout au parcours des moutons dans les champs que l'on vient de dépouiller de blé.

MÉTÉORISATION DES MOUTONS

La météorisation est une indisposition qui attaque assez souvent les bêtes ovines lorsqu'elles ont pâturé dans les luzernes et les trèfles surtout lorsqu'ils sont abondants. Aussitôt que le berger aperçoit le plus petit gonflement sur un ou plusieurs des moutons du troupeau, il doit immédiatement le ramener à la ferme, quelquefois la course pour revenir suffit pour dissiper le commencement de la maladie. Arrivé à la ferme, on fait avaler aux bêtes météorisées une ou deux cuillerées d'eau à laquelle on ajoute dix ou douze gouttes d'alcali volatil, ou bien quelques gouttes d'eau de javelle dans un verre d'huile.

LES BÊTES A LAINE, AU PATURAGE, SONT EXPOSÉES A LA POURRITURE OU CACHEXIE AQUEUSE

Cette maladie attaque les moutons qui ont été conduits dans des pâturages humides, ou même dans des pâturages secs au moment où l'herbe est mouillée par la pluie ou la rosée. C'est là un des points qui doivent particulièrement fixer l'attention des propriétaires et des bergers. On ne peut pas toujours se dispenser de laisser sortir les troupeaux quoique l'herbe soit mouillée, par exemple lorsque les pluies sont longues et continues; dans ce cas on doit toujours leur donner un peu de nourriture sèche, ne fût ce que de la paille avant de les envoyer au pâturage. La négligence des bergers, sous ce rapport, est très-fréquemment la cause de pertes considérables dans les troupeaux de bêtes blanches. Lorsque la cachexie est déclarée, on ne connait guère de remèdes certains à y apporter: le vin poivré parait être le moyen le plus utile; mais il faut qu'il soit employé dès le commencement de la maladie.

REMÈDE POUR PRÉSERVER LES BÊTES A CORNES DE L'ÉPIZOOTIE

Faites infuser dans un pot de terre bien couvert quatre litres de fort vinaigre blanc, avec de la sauge, de l'absinthe et de la lavande, de chacun une poignée. Au bout de quatre heures, ajoutez 64 grammes de cendres d'absinthe; laissez infuser pendant quatre jours; après ce temps passez à travers une flanelle fine et ajoutez 8 grammes de camphre. Le matin et le soir, lavez les naseaux et le museau de vos bestiaux avec ce liquide, étendu d'une quantité égale d'eau: ce sera le meilleur préservatif contre l'épizootie.

PRINCIPES A SUIVRE POUR L'ÉLEVAGE DU PORC

Il y a peu de produits de la ferme qui donnent un revenu aussi assuré et aussi net que celui résultant de l'éducation des porcs, ce qui n'empêche pas qu'elle est souvent négligée ou mal conduite, et ne rend pas alors ce qu'on est en droit d'en attendre. Un travail publié dans le *Journal d'Agriculture* de la société agricole, de la principauté de Lünebourg, par M. Stuchmann, sur les avantages que présentent les races porcines anglaises et sur leur valeur comme types améliorateurs des races indigènes, le démontre à l'évidence et renferme comme conclusion les principes à suivre dans l'élevage du porc. Ce sont ces principes que nous allons récapituler :

1° Éviter avec la plus grande sévérité la consanguinité, sans cela la vigueur, la santé, la taille et la fécondité se perdent après quelques générations. Rafraîchir par conséquent le sang par l'achat de mâles provenant d'autres écuries;

2° La truie doit en général être de taille plus forte que le verrat. Ce préceote, que l'on suit généralement en Angleterre, a pour motif que, dans le cas contraire, on obtient le plus souvent une descendance défectueuse;

3° La première saillie exerce une très-grande influence sur les portées subséquentes; afin de tirer une parfaite utilité du croisement avec un verrat de race perfectionnée, il ne faut donner ce dernier qu'à de jeunes truies;

4° Le verrat doit avoir une année accomplie avant d'être admis à la monte, faute de quoi il ne serait pas possible de compter sur son entier développement et sur des porcelets vigoureux;

5° Les truies de grandes races peuvent recevoir le verrat sans inconvénient notable dès l'âge de huit à dix mois; pour les petites races, on attendra l'accomplissement de la première année. Les truies de la race de Berkshire, entre autres, ne prennent les caractères de cette race que l'orsqu'on ne leur donne le verrat qu'après l'âge de douze mois;

6° Les truies ne doivent donner que deux portées par an, et cela de manière que la parturition tombe la première au printemps, la seconde avec la fin de l'été ou le commencement de l'automne; les gorets d'hiver tournent souvent à mal. On peut, il est vrai, obtenir cinq portées en deux ans; mais on détruit ainsi considérablement la truie. Il est également défavorable de faire servir à la reproduction des truies au-dessus de l'âge de quatre à cinq ans, parce qu'elles s'engraissent alors plus difficilement et que leur fécondité diminue d'année en année ;

7° Une bonne truie doit donner, en moyenne, au moins huit porcelets par portée. Dès que ce nombre n'est pas atteint, on doit la réformer et l'engraisser ;

8° Les meilleures truies reproductrices proviennent de la portée du printemps. Les gorets d'une première portée ne doivent, en règle générale, jamais servir à la reproduction ;

9° Un bon verrat, bien tenu, donne souvent une descendance vigoureuse jusqu'à l'âge de huit à neuf ans ; il est toutefois préférable de ne pas le conserver aussi longtemps, attendu qu'il devient d'ordinaire d'une méchanceté indomptable, et qu'après trois ans de service sa viande devient coriace et sans saveur ;

10° Enfin on doit donner aux porcs livrés à la reproduction, des étables aérées et sèches, ainsi que du mouvement à l'air libre (Holtz, *Feuille du cultivateur*).

L'ANGINE DES PORCS

L'angine est une maladie assez commune chez les porcs ; on la reconnaît au gonflement inflammatoire de l'arrière-palais. L'animal atteint de cette affection respire et avale difficilement. Il faut, lorsqu'on s'en aperçoit, le séquestrer rigoureusement, lui donner de l'eau tiède blanchie avec un peu de farine pour toute nouriture, le tenir chaudement et lui envelopper le cou dans une peau de mouton ou d'agneau, la laine en dedans. On peut frotter la gorge avec de l'onguent populéum.

NOUVEAU REMÈDE POUR LA MALADIE DES CHIENS

Tout le monde sait qu'à l'âge de quatre, six, huit mois, les chiens sont atteints presque tous d'une maladie générale qui les fait souvent mourir. Les premiers symptômes de cette affection sont le dégoût de toute nourriture et la tristesse évidente de l'animal; son nez, ordinairement si frais, devient chaud et même brûlant; les yeux pleurent et suppurent; il sort des narines des mucosités qu'elles ne rendent pas d'habitude. Souvent toute la tête s'entreprend, et la pauvre bête éprouve les tristes conséquences de toutes les congestions cérébrales, attaques de nerfs, paralysie momentanée, aveuglement quelquefois complet.

Un riche particulier de la Grande Bretagne, un

Anglais pur sang, amateur passionné de la race canine, a fait sur la maladie des chiens des études minutieuses, et il est arrivé à une véritable découverte.

Le traitement employé jusqu'à lui pour la maladie des chiens se résumait à quelques moyens plus ou moins impuissants : les purgatifs, les sétons, les boissons délayantes; il y a beaucoup de vétérinaires qui ne connaissent encore que ces moyens-là.

L'Anglais dont je parlais tout à l'heure remarqua fort sagement que la maladie des chiens avait son temps, et qu'une fois guérie elle ne revenait plus.

Or, dans le sinistre cortège des maladies qui assaillent l'espèce humaine, il lui semblait qu'il s'en trouvait une analogue, — la petite-vérole.

La petite-vérole, effectivement, ne tombe qu'une seule fois sur le même individu; ses premiers symptômes sont l'inappétence, une fièvre générale, une sensibilité toute particulière des muqueuses, c'est-à-dire de cette peau toujours humide qui tapisse le nez, qui recouvre les yeux; finalement la maladie se termine par une éruption dont les phases sont plus ou moins dangereuses, dont les cicatrices sont indélébiles.

Il fut un temps où les épidémies de petite vérole emportaient autant de victimes que les épidémies de fièvre typhoïde et de choléra.

Heureusement Jenner vint, et lui opposa la vaccine.

La vaccine préserve de la petite vérole et la change, quand elle arrive malgré elle, en varioloïde, c'est-à-dire un diminutif tellement innocent, que la varioloïde a rarement causé la mort.

Notre Anglais se demande s'il n'y avait point à espérer chez les chiens le résultat de la vaccine chez les hommes; et comme, après tout, il lui était bien permis d'essayer, il essaya, il examina, il étudia, et il prétend être parvenu à un véritable succès.

Il charge une lancette de vaccin ordinaire; il vaccine les chiens, dès l'âge d'un à deux mois, sous l'aisselle, c'est-à-dire à la place presque toujours dégarnie de poil qui se trouve sous chaque patte de devant. Si la vaccine boutonne convenablement, si elle prend bien, pour me servir de l'expression consacrée, les chiens n'ont pas la maladie, ou ils l'ont très-faiblement et sans aucune espèce de danger. — Avis aux éleveurs et aux amateurs de chiens.

LA RAGE, SES SYMPTOMES CHEZ LES ANIMAUX DOMESTIQUES

La rage est *spontanée* ou *communiquée;* elle est spontanée quand elle existe sans avoir été provoquée par une cause extérieure, c'est-à-dire sans avoir été communiquée par la morsure d'un animal atteint de cette maladie ; la rage est communiquée quand elle est le résultat d'une morsure faite par un animal enragé.

Les animaux sujets à la rage spontanée sont le loup, le chien, le renard, le chat. Eux seuls peuvent communiquer à l'homme et aux autres animaux cette terrible maladie. La morsure des herbivores : cheval, bœuf, vache, cochon, lapin, etc., enragés, ne peuvent donner la rage aux autres animaux ni à l'homme. Il en est de même de l'homme ; s'il peut recevoir la rage, il ne peut la donner par la morsure ou autrement. Une femme atteinte de la rage ne la transmettrait pas à l'enfant qu'elle allaiterait.

Il court, de par le monde, les histoires les plus dan gereuses. Les uns racontent qu'un homme atteint de la rage voulut, avant de mourir, embrasser ses sept enfants, et que les sept enfants moururent de la rage. Les autres rapportent qu'une malheureuse mère mourut hydrophobe pour avoir embrassé son pauvre enfant que venait de mordre un chien enragé, Le chien enragé ne mord pas les chiennes, dit l'un ; il ne passe pas l'eau, dit l'autre ; c'est au bout du neuvième jour qu'on voit si le chien doit devenir enragé ou non, dit un troisième ; vous n'êtes dans le vrai ni l'un ni l'autre, ajoute un quatrième, c'est de la lune que dépend la chose. A tous ces raconteurs, on peut donner le démenti le plus formel. Quand donc les préjugés auront-ils disparu de la terre ? Quand donc l'ignorance les entraînera-t-elle dans sa chute? Quand on aura détruit les préjugés qui existent dans les esprits à l'égard de la rage, on sera bien près d'avoir détruit la maladie elle-même.

Les causes de la rage spontanée ne sont pas bien connues; cependant, on range parmi les circonstances susceptibles de favoriser son développement : 1° une chaleur extrême; 2° un climat alternativement très-chaud et très-froid; 4° une saison sèche et très-chaude; 5° un froid excessif; 6° les mauvais traitements; 7° le rut chez certains animaux privés de l'accouplement.

La rage chez les animaux domestiques se manifeste de différentes manières.

Chez le chien, au début de l'affection, il est triste, abattu, et a un dégoût pour tous les aliments; il se laisse tomber plutôt qu'il ne se couche; il est indifférent à tout ce qui se passe autour de lui. A ces signes en succèdent d'autres plus caractéristiques; l'animal a l'œil fixe et comme enflammé, la tête basse, la queue entre les deux cuisses; il se couche dans des endroits sombres. Bientôt il cherche à fuir le logis, ne reconnaît plus son maître, se jette de préférence sur les animaux et particulièrement sur les chiens. L'aboiement du chien enragé est tout à fait caractéristique, et l'homme qui en connait la signification peut, rien qu'à l'entendre, affirmer l'existence de la maladie. Il es donc facile, lorsqu'on est accoutumé à la voix du chien, d'en distinguer la modification et l'étrangeté qui signalent la présence de la rage.

Un préjugé qui règne encore dans toute sa force au sujet de la rage des chiens est celui qui lui substitue le nom d'*hydrophobie*, signifiant *horreur de l'eau*, et qui a conduit à croire que le chien pourrait être reconnu atteint de la rage par cela seul qu'il éprouverait une répulsion pour l'eau. Qu'on se le persuade bien : un chien enragé n'est pas hydrophobe, il n'a pas horreur de l'eau, il ne recule pas épouvanté.

Chez le chat. Le chat, lorsqu'il devient enragé, est triste; il refuse les aliments, sa démarche est lente et fuit les caresses.

Chez le loup. Les symptômes paraissent suivre la même marche et s'annoncer par les mêmes signes que ceux qui caractérisent la rage du chien.

Chez le renard. Les symptômes sont analogues avec quelques différences qu'il n'est pas facile de bien apprécier à ceux qui annoncent la rage du chien.

Quand la rage est communiquée par le résultat d'une morsure, elle ne se déclare pas immédiatement; son invasion est précédée d'une période d'incubation dont on ne peut pas au juste préciser la durée. Ainsi, on a vu cette maladie survenir quelques heures seulement ou quelques jours après la morsure, tandis que dans d'autres circonstances elle ne s'est déclarée que plusieurs mois après; il paraît cependant que c'est vers le quarante-deuxième jour que la rage communiquée aux chiens se développe le plus ordinairement.

Chez le cheval. La rage communiquée débute, comme

chez le chien, par la tristesse, un abattement général, le dégoût pour les aliments et les boissons. Plus tard, l'animal frappe d'abord du pied, hennit, rue, secoue la tête et se livre à des mouvements désordonnés : il a dans quelques cas des envies de mordre, se mord lui-même et bave considérablement,

Chez le bœuf. Les symptômes sont beaucoup plus alarmants et leur succession est beaucoup plus prompte. Ils se manifestent par le refus des aliments ; l'animal laisse tomber sa tête, boit avec avidité l'eau qu'on lui présente, l'œil est trouble et rougi, les vomissements sont plus fréquents que de coutume.

Chez les bêtes à laine. Les symptômes se manifestent par la marche chancelante, la tristesse, le désir de l'accouplement ; les yeux et la bouche de l'animal sont enflammés ; il bave, mais il ne cherche pas à mordre.

Chez les porcs. Les porcs attaqués de la rage ne mangent plus et restent tranquilles.

En général, c'est par la morsure du chien, le compagnon et l'ami de l'homme que la rage est communiquée soit à l'homme, soit aux autres animaux. Nous avons fait connaître ses symptômes, sa marche, sa terminaison ; nous avons signalé les préjugés populaires qui ont rapport à cette maladie, il nous reste à recommander aux municipalités de prendre des mesures sévères dans le cas où cette affreuse maladie viendrait à envahir leur commune, et aux populations de les exécuter rigoureusement puisqu'elles sont d'un intérêt général. Dans un grand nombre de communes rurales, le maire se borne à faire jeter des boulettes par le garde champêtre, et à inviter les propriétaires à tenir leurs chiens renfermés ; dans quelques autres, la municipalité ne prend aucune mesure, et le propriétaire de l'animal mordu va le faire traiter par un empirique de renom, et tout est dit. A partir de ce moment on ne prend plus aucue précaution, et l'animal reprend sa liberté.

Il est facile donc de se convaincre que les nombreux cas de rage qui épouvantent la société, ne sont dus, pour la plupart, qu'à l'insouciance des autorités locales et à la négligence des propriétaires.

Nous sommes d'avis qu'un chien terrassé par un animal enragé, lors-même qu'il n'a aucune morsure, doit être immédiatement abattu. On peut supposer que la bave du chien, en accès de rage, a pu s'inoculer par le simple rapprochement de la gueule ou du nez qui sont des organes très-absorbants. Peut-on craindre, même dans le doute, d'abattre deux, trois ou quatre chiens, si l'on a cette pensée déchirante que ces animaux peuvent transmettre à l'homme cette affreuse maladie !...

Lorsque quelqu'un a été mordu par un animal enragé ou soupçonné tel, on devra à l'instant même presser la blessure dans tous les sens afin d'en faire sortir le sang et la bave. On lavera cette blessure soit avec de l'alcali volatil étendu d'eau, soit avec de l'eau de lessive, de l'eau de savon, de l'eau de chaux ou de l'eau salée, et, à défaut avec de l'eau pure et même de l'urine ; puis on fera chauffer à blanc un morceau de fer que l'on appliquera profondément sur la blessure A défaut de fer rouge, il ne faudrait pas hésiter à employer si l'on peut immédiatement de la poudre à tirer, de l'amadou, du linge menu, du coton imprégné d'alcool que l'on ferait brûler sur la plaie.

Tous ces moyens, bien employés, suffiront pour écarter toute espèce de danger. Mais il sera nécessaire d'appeler un homme de l'art, qui seul pourra apprécier si la cautérisation a été convenablement opérée.

DESTRUCTION DES GUÊPES

Au printemps, alors que la guêpe mère a quitté sa demeure hivernale, on la voit déjà à la recherche d'un local pour y loger la colonie qu'elle va fonder. La guêpe ravagera bientôt nos jardins, où elle attaquera les plus beaux fruits, s'introduira jusque dans nos appartements, sur notre table pour y profaner nos desserts ! Heureux encore si son aiguillon ne vient pas blesser celui qui aura tenté de la chasser !

Les ouvriers des champs sont souvent attaqués par ce méchant parasite. Malheur au laboureur qui vient à retourner son domaine, car la gent ailée n'épargnera ni l'homme ni les bêtes !

On pourrait dire de la population d'un guêpier qu'elle est annuelle, car l'hiver en fait mourir tous les habitants, à l'exception des mères, qui, soit dans les fissures des murs, soit dans les trous des charpentes des greniers, trouvent un abri contre les rigueurs de la saison. Là, ces insectes s'endorment d'un sommeil léthargique qui dure jusqu'aux premières chaleurs du printemps.

Aujourd'hui, en tuant une guêpe femelle on empêche la fondation d'une colonie de guêpes; la chasse de ce parasite a donc, au printemps, une grande importance.

Il y a trois espèces de guêpes :

1°. La *guêpe commune :* elle est noire avec des lignes et taches d'un jaune vif, elle fait son nid sous terre, cette espèce est la plus féconde.

2°. La *guêpe rouge :* plus petite que la précédente, elle s'en distingue par son abdomen roussâtre avec des bandes circulaires brunâtres ; elle établit son nid entre les branches des arbres et dans les haies éloignées des habitations.

3°. Le *frelon :* plus fort que les précédentes et atteignant jusqu'à 45 millimètres de longueur. Cette guêpe, d'une couleur ferrugineuse, avec des taches jaunes aux bords des yeux, à la base des mandibules, sur les antennes, à la base des ailes et sur l'écusson, choisit pour sa demeure les endroits bien abrités, et le plus souvent les cavités des vieux troncs d'arbre.

La chasse aux guêpes n'est qu'un jeu lorsqu'on connaît les habitudes de cet insecte. En l'absence des fruits, elle fréquente les fleurs des groseillers et particulièrement le groseiller à fruit noir, appelé cassis. Cet arbuste devrait en conséquence se trouver dans tous les jardins et près de la lisière des bois ; les chasseurs de guêpes y trouveraient un riche butin et la destruction générale de ce dangereux parasite serait bientôt accomplie, si, pendant quelques années, une chasse régulière en était faite dans toutes les localités.

Le moyen le plus facile pour les prendre est d'employer la floche de papillon. (*Écho de l'Est.*)

PROCÉDÉ POUR GARANTIR LES CHEVAUX DE LA PIQURE DES MOUCHES

Les mouches tourmentent quelquefois les chevaux au point de les empêcher de manger, de les faire maigrir et tomber fourbus. Si les conducteurs trouvent sur leur route de la morelle, de l'absinthe, de la chicorée sauvage, des feuilles de noyers, des feuilles de marube noir, du brou de noix ou d'autres plantes amères, ils en doivent frotter leurs chevaux sur les endroits les plus exposés à la piqûre de ces insectes. Le vinaigre est également bon pour les éloigner, mais pas aussi efficacement que le suc des plantes amères. Un autre moyen très-efficace consiste à laver les animaux au moment de leur sortie, avec l'eau dans laquelle on aura fait bouillir des feuilles de noyer.

MORSURE DE LA VIPÈRE

La morsure de la vipère détermine toujours des accidents graves et même mortels. Une douleur vive se fait sentir à l'instant dans tout le membre affecté, et se propage bientôt dans l'intérieur du corps. La partie blessée s'engorge avec rapidité. Cet engorgement, pâle d'abord, devient livide et se couvre de plaques noires, comme gangreneuses. Le malade éprouve des défaillances, il vomit, sa respiration est gênée. Les secours à donner consistent à répandre aussitôt sur la piqûre quelques gouttes d'alcali, en frictionner le pourtour de la plaie, et faire prendre cinq à six gouttes de ce remède dans une tasse de tilleul chaud et sucré, rester au lit, y provoquer des sueurs.

Après ces premières précautions, qui suffisent ordinairement, si le mal persiste, il faut avoir recours à la cautérisation.

FIN

TABLE

PREMIÈRE PARTIE

GUIDE DES CULTIVATEURS POUR L'ACHAT DES BESTIAUX

CHAPITRE PREMIER

CONFORMATION EXTÉRIEURE DU CHEVAL.

CHAPITRE II

MALADIES RÉPUTÉES VICES RÉDHIBITOIRES
PAR LA LOI DU 20 MAI 1838.

CHAPITRE III

CONNAISSANCE DE L'AGE DES ANIMAUX DOMESTIQUES

CHAPITRE IV

DE L'ACHAT DU CHEVAL.

DEUXIÈME PARTIE

TRAITÉ COMPLET DES VICES RÉDHIBITOIRES.

—

CHAPITRE PREMIER

DES VICES RÉDHIBITOIRES EN MATIÈRE DE VENTES ET ÉCHANGES D'ANIMAUX DOMESTIQUES. — LOI DU 20 MAI 1838. — GARANTIE CONVENTIONNELLE.

CHAPITRE II

DES VICES RÉDHIBITOIRES EN MATIÈRE DE VENTES OU ÉCHANGES D'ANIMAUX DOMESTIQUES. — COMMENTAIRE DE LA LOI DU 20 MAI 1838. — JURISPRUDENCE.

TROISIÈME PARTIE

HYGIÈNE DES AMIMAUX DOMESTIQUES. —

CONSEILS UTILES.

QUATRIÈME PARTIE

LOIS RURALES ET USAGES LOCAUX.

CINQUIÈME PARTIE

CONSEILS UTILES.

FIN DE LA TABLE.

Imprimerie de Poissy — S. Lejay et Cie.

EN VENTE A LA MÊME LIBRAIRIE :

VÉTÉRINAIRE (le), ouvrage pratique à l'usage des cultivateurs, fermiers, habitants des campagnes, par J. Clément, sous les auspices de M. Cavalier, docteur en médecine, ancien chirurgien-major, chevalier de la Légion d'honneur, 1 vol. in-12. 2 fr. 50

LA SANTÉ ou **LE MÉDECIN POPULAIRE**, traitement simple, facile et peu coûteux de toutes les maladies par les propriétés des plantes, précédé d'un Traité d'hygiène populaire et suivi d'un dictionnaire des termes de médecine, par J... Clément, membre de la Société Linéenne de Sens. 1 vol. in-12. 3 fr. 50

CUISINIÈRE BOURGEOISE ET ÉCONOMIQUE (Nouveau Manuel de la), contenant les meilleurs procédés pour faire une excellente cuisine à très bon marché, l'art de faire les honneurs d'une table, de découper toute sorte de viandes, volaille, gibier, poisson, de composer le menu d'un repas, une Notice sur les soins de la cave, etc., etc., revue par un ancien cordon bleu. 1 vol. in-12. 1 fr. 50

Cartonné. 2 fr.

LA PARFAITE CUISINIÈRE BOURGEOISE ou **LA BONNE CUISINE DES VILLES ET DES CAMPAGNES**, renfermant toutes les connaissances indispensables pour faire d'excellentes ménagères, par mademoiselle Madeleine, 300 figures dans le texte, 1 vol. in-12, cartonné. . . . . 3 fr. 50

LE VÉRITABLE LANGAGE DES FLEURS, par madame Anaïs de Neuville, illustré de bouquets en couleurs et de vignettes par Alph. Guilletat, 1 vol. in-12, couverture glacée. 2 fr. 50

Le même avec une seule gravure en couleur. . . . . 1 fr. 50

Relié toile rouge tranches dorées. . . . . 3 fr. 50

GUIDE DU PARFAIT JARDINIER, par MM. Rouffi, ancien directeur d'une ferme modèle, et Hocquart, botaniste, orné de 120 vignettes dans le texte, 1 vol. in-12. . . . . 3 fr. 50

Ce Jardinier étant divisé en 2 parties, chacune se vend séparément. Le Potager. . . . . 2 fr.

— Le Fleuriste. . . . . 2 fr.

ALMANACH DE LA JEUNE CHANSON FRANÇAISE, illustré par Bertall, Cham et Celestin Nanteuil. Première année, 2e édition, 1864. . . . . 50 c.

SECRÉTAIRE UNIVERSEL (le), contenant des modèles de lettres, de compliments, de commerce, de crédit, de recommandation, etc. Nouvelle édition, augmentée de modèles de demandes, de pétitions et de notions générales sur le service des postes, la taxe des lettres, 1 vol. in-12. . . . . 1 fr. 25

Le même, cartonné. . . . . 1 fr. 50

Imprimerie de Poissy. — S. Lejay et Cie.

www.ingramcontent.com/pod-product-compliance
Ingram Content Group UK Ltd.
Pitfield, Milton Keynes, MK11 3LW, UK
UKHW020309230726
13925UKWH00001B/305